Niyazi Çavuşoğlu

Çelik-Aluminyum Çiftinin Laser Bindirme Kaynağı

Niyazi Çavuşoğlu

Çelik-Aluminyum Çiftinin Laser Bindirme Kaynağı

Türkiye Alim Kitapları

Impressum / Yayınevi adı
Bibliografische Information der Deutschen Nationalbibliothek: Die Deutsche Nationalbibliothek verzeichnet diese Publikation in der Deutschen Nationalbibliografie; detaillierte bibliografische Daten sind im Internet über http://dnb.d-nb.de abrufbar.

Deutsche Nationalbibliothek tarafından yayınlanan bibliyografik bilgiler: Deutsche Nationalbibliothek, bu yayını Deutsche Nationalbibliografie'de listeler; detaylı bibliyografik bilgi İnternet'te http://dnb.d-nb.de sitesinde mevcuttur.

Coverbild / Kitap kapağı resmi: www.ingimage.com

Verlag / Yayıncı:
Türkiye Alim Kitapları
ist ein Imprint der / yayınevinin bir ticari markasıdır
OmniScriptum GmbH & Co. KG
Heinrich-Böcking-Str. 6-8, 66121 Saarbrücken, Deutschland / Almanya
Email / E-posta: info@turkiye-alim-kitaplary.com

Herstellung: siehe letzte Seite /
Basım yeri: son sayfaya bakın
ISBN: 978-3-639-67166-7

Zugl. / Approved by: İzmir, Ege Üniversitesi, Doktora Tezi, 2011.

ÖZET

ÇELİK-ALUMİNYUM ÇİFTİNİN LASER BİNDİRME KAYNAĞI

Konstrüksiyonlarda ağırlık azaltılması gibi hedefler, farklı malzemelerin tasarımlarda birlikte kullanılmasını gerektirmektedir. Bu bağlamda özellikle otomotiv endüstrisinin üzerinde yoğunlaştığı konulardan biri, tasarımlarda en çok kullanılan malzeme olan çelik ile birlikte aluminyum, magnezyum gibi hafif malzemeleri birarada kullanmaktır. Çelik-aluminyum malzeme çiftinin kaynaklı bağlantıları, konstrüksiyonlarda ağırlık azaltımını başarabilmek için uygulanabilir. Birleştirilecek malzemelerin ergime sıcaklıkları, ısıl iletkenlikleri ve ısıl genleşmeleri arasındaki farklardan kaynaklanan metalurjik sorunlar ve bağlantının dayanımını düşüren kırılgan intermetalik fazların oluşması farklı metallerin kaynaklı birleştirmelerinde büyük bir sorun teşkil etmektedir. Çelik-aluminyum malzemelerin kaynağındaki temel sorunlar, onların ergime sıcaklıkları arasındaki büyük fark, demirin aluminyum içinde katı çözünebilirliğinin sıfıra yakın olması ve kırılgan intermetalik fazların (Fe_xAl_y bileşikleri) oluşmasıdır.

Laser kaynak yöntemi, ergiyik havuzu boyutları ve kaynak ısı girdisi, kontrollü bir şekilde ayarlanabilen bir kaynak yöntemidir. Yerel olarak enerji girişinin küçük olması ve yüksek güç yoğunluğundan dolayı laser kaynağı, birleştirilecek malzemelerin kaynak süresince minimum düzeyde etkileşimlerine izin vermektedir. Bu sayede farklı metallerin kaynaklı birleştirmelerinde bağlantının dayanımını düşüren kırılgan intermetalik fazların oluşumu kontrol edilebilmektedir. Laser gücü ve kaynak hızı gibi kaynak parametrelerinin ayarlanmasıyla laser ışınının malzeme ile etkileşim zamanı kontrol edilebilmektedir. Bu sayede oluşan intermetalik faz tabaka kalınlığı azaltılarak bağlantı dayanımında artış sağlanma olasılığı vardır.

Bu tez çalışmasında düşük karbonlu çelik (DC04) ve AlMgSi aluminyum alaşımı (6061-T6) malzemeler bindirme bağlantı tipinde laser kaynak yöntemiyle birleştirilmiştir. Bindirme kaynak bağlantılarında çelik ve aluminyum malzemeler arasında bakır ve nikel ara malzeme kullanılmıştır. Bu ara malzemelerin, laser gücü ve kaynak hızının, kaynak bağlantısının mekanik ve metalurjik özellikleri üzerine etkileri incelenmiştir. Kaynaklı numunelerin çekme-makaslama ve mikro sertlik deneyleri yapılmış, optik mikroskop görüntüleri ve SEM-EDX analizleri incelenmiştir. EDX analizlerinin sonuçları FeAl denge diyagramı yardımıyla değerlendirilerek, birleşme bölgesinde meydana gelen intermetalik fazlar belirlenmeye çalışılmıştır.

Çekme-makaslama deney sonuçları incelendiğinde bakır ara malzemeli kaynaklı birleştirmelerde elde edilen doğrusal dayanım değerleri ile ara malzemesiz olarak kaynaklanan birleştirmelerde elde edilen değerler birbirine yakın çıkmıştır. Fakat bakır ara malzeme kullanılması durumunda çelik-aluminyum kaynaklı bağlantılarında ortaya çıkan ve dayanımı düşüren intermetalik fazlardan $FeAl_2$ ve $FeAl_3$ gibi düşük tokluğa ve yüksek kırılganlığa sahip fazların oluşmadığı görülmüştür. Dolayısıyla bakır ara malzeme kullanılmasının, kaynak bağlantısının mekanik özelliklerine olumlu etkileri olabileceği düşünülmektedir.

Anahtar sözcükler: Aluminyum, Çelik, Farklı Malzemeler, Bindirme Kaynağı, Laser Kaynağı, İntermetalik Fazlar.

ABSTRACT

THE LASER LAP WELDING OF STEEL-ALUMINIUM DISSIMILAR METAL PAIR

The goals such as weight reduction of constructions, requires the use of dissimilar materials in designs. In this context, one of the issues the automotive industry focuses on, is using steel which is the most widely used material in designs together with light weight materials such as aluminium and magnesium. Welded joints of steel-aluminium material pair can be used to achieve weight reductions in designs. The metallurgical problems due to differences between thermal conductivity, thermal expansion and melting temperatures of the materials to be joined and the formation of brittle intermetallic phases that reduce the strength of the joint are major problems encountered in welded joints of dissimilar materials. The main causes of the problems in the welding of steel-aluminium materials are the large difference between their melting temperatures, that the solid solubility of iron in aluminium is close to zero and the formation of brittle intermetallic phases (Fe_xAl_y compounds).

Laser welding is a joining method in which melt pool size and heat input can be adjusted in a controlled manner. Laser welding allows interactions of materials to be joined in minimum level during the process due to the lower heat input and the high power density. Thus, the formation of brittle intermetallic phases reducing the strength of welded joints in the welding of dissimilar metals can be controlled. The interaction time of laser beam with the material can be controlled by adjusting welding parameters such as laser power and speed. In this way, there is a possibility of reducing the thickness of the intermetallic phase layer and increasing the strength of the joint.

In this thesis, a low carbon steel (DC04) and AlMgSi aluminium alloy (6061-T6) were connected with lap joint type laser welding. Copper and nickel foils were used as intermediate materials between steel and aluminium materials in laser lap welding. The effects of these intermediate materials, laser power and heat input on the mechanical and metallurgical properties of the welded joints were examined. Tensile shear and micro hardness tests were applied on welded specimens and optical microscopy images and SEM-EDX analyses were done. Intermetallic phases occuring in the weld region were tried to be determined by evaluating the results of the EDX analyses using FeAl equilibrium diagram.

In this study it was observed that the linear strength values of welded joints obtained from tensile-shear strength tests for joints with copper as intermediate material and for joints without any intermediate material, were very close. Nevertheless, in welded joints with copper as intermediate material, intermetallic phases such as $FeAl_2$ and $FeAl_3$ that normally occur in steel-aluminium welded joints were not observed. These phases are brittle and have low toughness values. Therefore, the use of copper as intermediate material in steel-aluminium welded joints can prove to be beneficiary.

Keywords: Aluminium, Steel, Dissimilar Materials, Lap Welding, Laser Welding, Intermetallic Phases.

TEŞEKKÜR

Doktora tezimin başından sonuna kadar bilgi ve tecrübelerini benden esirgemeyen ve yurt dışı araştırma deneyimi sahibi olmama katkıda bulunan değerli danışman hocam Sayın Doç. Dr. Hüseyin ÖZDEN' e teşekkür ederim.

Yapmış olduğum laser bindirme kaynaklı numunelerin deneysel çalışmalarını gerçekleştirirken bilgi ve tecrübelerini bana aktaran ve hiçbir yardımı esirgemeden kıymetli zamanlarını bana ayıran Sayın Prof. Dr. Vural CEYHUN' a teşekkür ederim.

Doktora çalışmam süresince gösterdiği sabırdan dolayı, sevgisini ve heyecanını her zaman bana hissettiren sevgili eşim Selin ÇAVUŞOĞLU' na, ayrıca bugüne kadar benim için hiçbir fedakarlıktan kaçınmayan sevgili anne ve babama teşekkürü bir borç bilirim.

İÇİNDEKİLER

Sayfa

İÇİNDEKİLER (devam)

Sayfa

İÇİNDEKİLER (devam)

Sayfa

İÇİNDEKİLER (devam)

İÇİNDEKİLER (devam)

Sayfa

ŞEKİLLER DİZİNİ

Sayfa

ŞEKİLLER DİZİNİ

Sayfa

ŞEKİLLER DİZİNİ (devam)

Sayfa

ŞEKİLLER DİZİNİ (devam)

Sayfa

ŞEKİLLER DİZİNİ (devam)

Sayfa

ŞEKİLLER DİZİNİ (devam)

Sayfa

ŞEKİLLER DİZİNİ (devam)

ŞEKİLLER DİZİNİ (devam)

ŞEKİLLER DİZİNİ (devam)

Sayfa

ŞEKİLLER DİZİNİ (devam)

Sayfa

ŞEKİLLER DİZİNİ (devam)

ŞEKİLLER DİZİNİ (devam)

Sayfa

ÇİZELGELER DİZİNİ

Sayfa

SİMGELER VE KISALTMALAR DİZİNİ

Simgeler	**Açıklama**
ν	Foton frekansı
E_1	Alt enerji seviyesi
E_2	Üst enerji seviyesi
d	Laser ışınının malzeme yüzeyindeki odak çapı
P_L	Ortalama laser gücü (darbeli laserler için)
P_p	Darbe gücü (darbeli laserler için)
t_p	Darbe süresi (darbeli laserler için)
f_p	Darbe frekansı (darbeli laserler için)
P	Malzeme yüzeyine gelen ışın gücü
P_y	Malzeme yüzeyinden yansıyan ışın gücü
P_s	Malzemede soğurulan laser ışın gücü
P_g	Malzeme içinden geçen laser ışın gücü
A	Soğurma katsayısı
R	Yansıtıcılık katsayısı
v	Kaynak hızı
W_o	Odaklanan laser ışın odak yarıçapı
λ	Laser ışın dalga boyu
M^2	Laser ışın kalitesi
f	Odaklama merceğinin odak uzaklığı
W_1	Odaklama merceğine gelen ışınının yarıçapı
d_B	Odaklama merceğine gelen laser ışın çapı
θ	Laser ışın diverjans açısı

SİMGELER VE KISALTMALAR DİZİNİ (devam)

Kısaltmalar	**Açıklama**
BPP	Laser ışın üretim parametresi
CW	Sürekli dalga
EDX/EDS	Enerji dağılımlı spektrometre
IEB	Isıdan etkilenmiş bölge
Nd:YAG	Neodmiyum:İtriyum aluminyum garnet
SEM	Taramalı elektron mikroskobu
TEM	Elektromanyetik çaprazlaşma modları
Yb:YAG	İterbiyum:İtriyum aluminyum garnet

1. GİRİŞ

19. yy sonuna kadar metaller, demirci kaynağı (Şekil 1.1) denilen dövme prosesi ve ısıtma işlemiyle birleştirildi. Günümüze kadar çok çeşitli kaynak prosesleri geliştirilmiştir. Kaynak işlemi, farklı şekil ve boyutlarda, değişik kompozisyonlar için farklı endüstrilerde yaygın bir şekilde uygulanmaktadır. Bu endüstrilerden bazıları; havacılık ve uzay endüstrileri (kanatlar ve gövde), gemi ve deniz yapıları endüstrileri (güverte panelleri), kara taşımacılığı ve otomotiv endüstrileri (tailored blanks ürünler), petrol ve petrokimya endüstrileri (açık deniz üretim platformları ve boru hatları), evsel malzeme endüstrileri (beyaz eşyalar ve metal mobilyalar) (Taylor and Guesnier, 2011).

Şekil 1.1. Demirci kaynağı (Bitzel et al., 1996).

Laser ışın kaynağı, bir ergitme kaynak yöntemidir ve sahip olduğu özellikler bakımından geleneksel ergitme kaynak yöntemlerine (MIG, TIG vb.) göre birçok avantajlar içermektedir. Laser makinasından çıkan ışının malzeme üzerine odaklanmasıyla elde edilen yüksek güç yoğunluğuna sahip enerjiyle kaynak, kesme, yüzey işlem ve delme amaçlı prosesler dışında daha düşük güç yoğunluklarıyla da mesafe ve hız ölçme, kalibrasyon, cerrahi ameliyatlar, holografi ve gösteri amaçlı işlemler gerçekleştirilebilmektedir.

Endüstriyel amaçlı kesme işlemlerinde laserin kullanılması oldukça yaygındır. Kesme işleminin sanayinin her alanında en çok kullanılan proseslerden biri olması, laser makinalarının yüksek yatırım maliyetlerine rağmen bu teknolojinin kesme işlemi için kullanılmasında etkili olmaktadır. Endüstriyel kaynak işlemleri için yüksek güçlü laser makinalarına ihtiyaç duyulmaktadır. Fakat yüksek güçlü laser makinaları, yüksek yatırım maliyetleri ve çalışma giderleri yüzünden kesme işlemlerinde kullanılan makinalar gibi çok hızlı bir şekilde yaygınlaşmamıştır. Özellikle ülkemizde kaynak işlemlerinde kullanılan yüksek güçlü laser makinaları neredeyse yok denecek kadar azdır. Fakat günümüz teknolojisinin hızlı gelişimiyle, laser makinalarının yatırım maliyetleri ve çalışma giderlerinin düşürülmesi sayesinde yüksek güçlü laserlerin her alanda kullanılarak yaygınlaşması kaçınılmaz olacaktır.

Kaynak birleştirme tiplerinden en sık kullanılanı alın kaynağı olmakla birlikte laser kaynağında alın kaynak bağlantı tipinin hazırlanması, bindirme kaynak bağlantı tipine göre daha zahmetlidir. Çalışmada bu nedenle bindirme kaynak bağlantısı incelenmiştir.

Değişik amaçlı uygulamalar için tasarımlarda farklı tür malzemelerin birleştirilmesi ihtiyacı günümüzde oldukça artmıştır. Laser kaynak yöntemi bu ihtiyaca karşılık verebilecek yeteneklere sahip bir teknolojidir. Farklı özellikte malzemelerin bir arada kullanılması ihtiyacı, özellikle sanayinin her dalında en çok kullanılan metallerden olan çelik malzemelerin hafif metallerle (Al, Mg, Ti gibi) kaynaklı birleştirilmesini bir teknolojik zorunluluk haline getirmiştir. Bu malzemelerin birbirleriyle olan birleştirme şekilleri bilimsel çalışmaların konusunu oluşturmaktadır.

Bu çalışmada, farklı malzemelerin kaynağındaki zorluklara çözüm üretebilmek amacıyla düşük karbonlu DC04 kalite çelik ve 6061-T6 aluminyum alaşımı malzeme çiftinin laser kaynak yöntemiyle birleştirilmesinde, laser parametrelerinin, ara malzemesiz ve ara malzemeli kaynak şartlarının, bağlantının mekanik ve metalurjik özelliklerine olan etkileri incelenmiştir. Kaynak bölgesininin makro ve mikro yapıları optik mikroskop ve taramalı elektron mikroskobu (SEM) ile görüntülenmiş, ayrıca kaynak bölgesinde ve intermetalik tabaka üzerinde sertlik değerleri ölçülen noktalarda elementlerin enerji dağılımlı spektrometre (EDX/EDS) ile analizi yapılmıştır.

Malzemelerin laser bindirme kaynak yöntemiyle birleştirilmesi sonucunda kaynak edilebilirliğinin belirlenmesi amacıyla mekanik ve metalografik deneyler uygulanmıştır. Metalografik olarak, optik mikroskop ve SEM mikroskobu ile kaynak bölgesi incelenmiş, EDX analizleri yapılarak laser kaynaklı malzeme çiftinin kaynak bölgesinde ve intermetalik tabakadaki elementlerin dağılım incelemeleri yapılmıştır. Bu inceleme sonuçları kullanılarak kaynaklı birleştirme sonucunda oluşabilecek intermetalik fazlar belirlenmeye çalışılmıştır. Kaynak bölgesinin mekanik özelliklerini belirlemek amacıyla kaynaklı numunelere mikrosertlik ve çekme-makaslama deneyleri uygulanmıştır. Elde edilen sonuçlar değerlendirilerek laser parametrelerinin, malzeme çiftinin kaynaklanabilirliğine, mekanik ve metalurjik özelliklerine olan etkileri tespit edilmeye çalışılmıştır.

Tez on bölümden oluşmaktadır. Birinci bölüm giriş bölümü olup; kaynak işlemi, laser ve tez konusunu oluşturan malzemeler hakkında kısa bilgiler verilmiştir. Devamında benzer malzeme çiftleri ve farklı malzeme çiftlerinin laser kaynağı üzerine yapılan çalışmalar ile ilgili olarak literatür incelemesi yapılmıştır. İkinci bölümde, laserin esasları, laser ışınının özellikleri ve laser makinalarından bahsedilmiştir. Üçüncü bölümde, laser sistemlerini oluşturan bileşenler anlatılmıştır. Dördüncü bölümde, günümüzde endüstriyel alanda kullanım imkanı bulmuş laser makinaları hakkında bilgiler verilmiştir. Beşinci bölümde, laser ışınlarının malzeme ile etkileşimleri ve laser ışınının uygulama alanlarından bahsedilmiştir. Altıncı bölümde, laser kaynağı başlığı altında, laser kaynak türleri, avantajları ve dezavantajları, kullanım alanları, laser parametreleri gibi konular anlatılmıştır. Yedinci bölümde, farklı metal malzemelerin laser kaynağı ile ilgili bilgiler verilmiştir. Sekizinci bölümde, deneysel çalışmalar ele alınmış ve kullanılan makina ve yöntemler hakkında bilgiler verilmiştir. Dokuzuncu bölümde, yapılan deneysel çalışmalardan elde edilen sonuçlar derlenmiştir. Onuncu bölümde, genel sonuçlar değerlendirilmiş ve önerilerde bulunulmuştur.

Yapılan çalışmanın amaçları, başlıklar halinde aşağıda sıralanmıştır;

1. Farklı metalik malzemelerin laser kaynak edilebilirliğini araştırmak ve geliştirmek,
2. Aluminyum üzerine çelik bindirme kaynak bağlantısını araştırmak ve gerçekleştirilen birleştirmelerin mekanik ve metalurjik incelemelerini değerlendirmek,
3. Düşük karbonlu çelik (DC04) ve AlMgSiCu aluminyum alaşımı (6061-T6) malzemelerin laser bindirme kaynak bağlantılarının gerçekleştirilmesinde laser gücü, kaynak hızı, kaynak ısı girdisi ve ara malzeme gibi parametleri optimize etmek,

1.1. Literatür Taraması

1.1.1. Benzer malzemelerin laser kaynağı üzerine yapılan çalışmalar

(Hongxiao et al., 2009), 301L paslanmaz çeliğin laser bindirme kaynak işleminde, laser kaynak parametrelerinin, yüzey kalitesi ve yüzey şekline olan etkilerini incelemişlerdir. Direnç nokta kaynağından daha yüksek dayanımlar elde etmişlerdir. Kaynakların hiçbirinde çatlak veya gözenek bulunmadığı sonucuna ulaşmışlardır.

(Balasubramanian et al., 2008), AISI 304 paslanmaz çeliğinin laser kaynağını, deneysel ve nümerik olarak incelemişlerdir. 1.6 mm kalınlığında östenitik paslanmaz çeliği, alın kaynak bağlantı şekliyle kaynak etmişlerdir. Derin nüfuziyet kaynağı için optimize edilmiş kaynak parametrelerinin 1250 W laser gücü, 750 mm/dak kaynak hızı ve ışın açısının 90° olduğunu belirlemişlerdir. Bu deneysel sonuçları simülasyon modelleriyle kıyaslamışlardır. Numerik analiz sonuçlarıyla tahmin edilen kaynak boyutlarının deneysel sonuçlarla uyumluluk gösterdiğini bulmuşlardır.

(Dasgupta and Mazumder, 2006), otomotiv çelik sacını sürekli dalga CO_2 laser makinası kullanarak laser bindirme kaynağını çalışmışlardır. Otomotiv çeliklerinde korozyon koruması sağlayan çinkonun laser kaynağı ile olan etkileşimlerini incelemişlerdir. Ayrıca iki çelik levha arasına bakır koyarak laser bindirme kaynak sonuçlarını değerlendirmişlerdir. Kaynak ergime bölgesinde bakır varlığının sıcak çatlak ya da diğer hataların olasılığını azalttığını belirlemişlerdir.

(Kim et al., 2008), 5052 aluminyum alaşımının bindirme kaynağı için kaynak edilebilirliğine laser gücü, kaynak hızı ve odak pozisyonu gibi laser kaynak parametrelerinin etkilerini incelemişlerdir. Kaynak dikişi kalitesi ve porozite oluşumunu incelemek üzere deneysel çalışmalar yapmışlardır. Isı girdisi azaldığı zaman porozitenin azaldığını bulmuşlardır. Kaynak dikiş kalitesinin odak pozisyonu değiştirilerek önemli şekilde geliştirilebileceğini bulmuşlardır.

(Klimpel et al., 2007), 1 mm kalınlığında bakır levhaların kenar bindirme kaynak bağlantılarını incelemişlerdir. Yüksek güçlü diyot laser ile optimum kaynak parametrelerini belirlemeye çalışmışlardır. 1 mm kalınlığında bakır levhalarla kenar bindirme kaynaklarında ana malzemenin mekanik özelliklerine yakın kaynak bağlantısı elde etmişlerdir.

(Jokinen, 2004), bu doktora tezinde kalın (20 mm) kesitli östenitik paslanmaz çeliklerin hibrit laser (MIG + Laser) kaynak işlemini çalışmıştır. Malzemelerin kaynak işlemini çok dar kaynak ağzı ve çoklu paso ile gerçekleştirmiştir. Deneylerde taguchi dizayn yöntemini kullanmıştır. Çok dar kaynak ağzı kullanılarak paso sayısının önemli derecede azaltılabilir olduğunu ve kaynak veriminin yükseltilebildiğini belirtmiştir.

1.1.2. Farklı malzemelerin laser kaynağı üzerine yapılan çalışmalar

(Chang et al., 2010), AlMgSi (6061) aluminyum alaşımı ve AlMn (3003) aluminyum alaşımının laser kaynağı üzerine çalışmışlardır. Nd:YAG laser kaynak makinası ile darbeli ve sürekli modda alın kaynak bağlantı tipinde kaynaklar gerçekleştirmişlerdir. Odak pozisyonu, kaynak hızı, koruyucu gazın debisi, laser çalışma şeklinin etkisini incelemişlerdir. Çatlak büyüme hızının kaynak hızıyla arttığını belirtmişlerdir.

(Satoh et al., 2011), titanyum ve paslanmaz çeliklerin laser kaynak yöntemiyle alın kaynak bağlantısını araştırmışlardır. Deneylerde darbeli laser makinası kullanmışlardır. Kaynaklı bağlantıların dayanımını ve mikroyapısını incelemişlerdir. Çekme gerilmelerinin ana malzemelerden daha düşük olduğunu gözlemlemişlerdir. Yaptıkları EDX analizleri, kaynak bölgesinde iri taneli TiFe intermetalik oluşumunu göstermiştir.

(Katayama et al., 2005), farklı malzemelerin bindirme bağlantısını geliştirmek amacıyla 5052 aluminyum alaşımı ve SPCC malzemelerini kullanmışlardır. Sürekli dalga Nd:YAG laser makinası ile 1-6 kW güç aralığında 10-100 mm/s kaynak hızlarında çalışmışlardır. Kaynak bağlantılarında tek pasolu, iki pasolu ve üç pasolu bağlantıları denemişlerdir. Bindirme bağlantılarında nüfuziyetin 300 µm' den az olması durumunda çatlaksız kaynak metalleri elde etmişlerdir. İyi dayanımlı kaynak bağlantıları için intermetalik faz tabakasının kalınlığının 10 µm' den az olması gerektiğini belirtmişlerdir. Kaynak dikiş sayısının artmasıyla bağlantı dayanımının arttığını söylemişlerdir.

(Tomashchuk et al., 2007), AISI 316L paslanmaz çelik ve bakırın yüksek güçlü Nd:YAG laseriyle kaynaklı bağlantısını incelemişlerdir. Deneysel çalışmalara dayalı olarak laser kaynak prosesinin numerik modellemesi üzerine çalışmalar gerçekleştirmişlerdir.

(Sierra et al., 2008), 20 µm çinko kaplı düşük karbonlu çelik DC04 ve 6016-T4 aluminyum alaşımını kullanmışlardır. Laser ve ark kaynak (GTAW) prosesi kullanarak katı çelik ve sıvı aluminyum arasında bir bağlantı geliştirmişlerdir. Kaynak işlemleri sonucunda oluşan intermetalik fazları ve oluşan hasarları incelemişlerdir. Laser kaynak bağlantısının ve ark kaynak bağlantısının doğrusal dayanımının sırasıyla 250 N/mm ve 190 N/mm değerinde olabileceğini belirtmişlerdir.

(Tušek et al., 2001), farklı malzemelerden yapılmış tailored blanks bağlantıların kaynağını incelemişlerdir. Kaynak yöntemi olarak MIG kaynağı ve laser kaynağı uygulamışlardır. İncelemeler sonucunda laser ve TIG kaynak yöntemi kullanılarak yüksek alaşımlı paslanmaz çeliğin tailored blanks bağlantılarının düşük alaşımlı çelikle dolgu malzemesiz olarak kaynatılamayacağını belirtmişlerdir. Uygun bir proses ve dolgu metali seçilmesi gerektiğini söylemişlerdir.

(Bouayad et al., 2003), katı demir ve sıvı aluminyum arasındaki etkileşim süresince intermetalik faz oluşumunu incelemişlerdir. Bu süreçte gözlemledikleri ana fazlar Fe_2Al_5 ve $FeAl_3$' dür. 700 ve 900 ^oC arasında bu intermetalik fazların büyüme kinetiklerini deneysel olarak belirlemişlerdir. Fe_2Al_5 ve $FeAl_3$ intermetalik tabakalarının büyüme kinetiklerini ve morfolojik evrimini zaman ve sıcaklığın bir fonksiyonu olarak kurmuşlardır.

(Kreimeyer et al., 2005), titanyum ve aluminyum malzemelerden oluşan tailored blanks bağlantıların laser kaynağını çalışmışlardır. Aluminyum ve titanyumun ısıl birleşmesi süresince ortaya çıkan intermetalik faz oluşumunu kontrol etmeyi amaçlamışlardır. Derin kaynak yöntemini kullanarak proses ayarlamaları yapılırsa 2 μm kalınlığında intermetalik fazların oluşturulabileceğini belirtmişlerdir. Kaynaklı örneklerin alt tarafında aluminyum, intermetalik faz ve titanyumdan oluşan üçlü faz alanlarının oluştuğunu ve bu alanların oluşumunun birim uzunluktaki enerji girişine kuvvetli bir şekilde bağlı olduğunu söylemişlerdir. İncelemeleri sonucunda, enerji girişindeki bir azalmanın üç fazlı alanların boyutunda bir azalma gösterdiğini belirtmişlerdir.

(Phanikumar et al., 2005), bakır ve nikel çiftinin laser kaynağı süresince mikro yapı değişimini çalışmışlardır. Ergiyik havuzunun boyutu ve şekli üzerine, laser ışınının tarama hızı ve laser gücünün etkilerini, kaynak ara yüzey kompozisyonlarını ve kaynak mikro yapılarını incelemişlerdir. Ergiyik havuzu şeklinin karakteristik bir asimetri sergilediğini belirtmişlerdir. Kaynak havuzunun bakır ve nikel tarafında, mikroyapının değişiminde belirgin farklılıklar olduğunu belirtmişlerdir.

(Shahverdi et al., 2002), katı demir ve erimiş aluminyum çiftinin kaynaklı birleştirmesinin ara yüzey mikro yapısını çalışmışlardır. Fe_2Al_5 ve $FeAl_3$ gibi intermetalik fazları belirlemişlerdir. Fe_2Al_5' in hızlı büyüdüğünü ve ana faz olarak geliştiğini, $FeAl_3$' ün kaynak işleminin sonraki safhalarında kolaylıkla saptanabildiğini ve ergiyik aluminyum içinde parçalı olarak eridiğini söylemişlerdir. Kaynak sonucunda arayüzeyde, termodinamik esaslara zıt olarak $FeAl_3$' ün yerine Fe_2Al_5' in oluşabileceğini belirtmişlerdir.

(Berretta et al., 2007), AISI 304 paslanmaz çelik ve AISI 420 paslanmaz çeliğin pulslu Nd:YAG laser ile kaynağını incelemişlerdir. Laser ışın pozisyonunun kaynak özelliklerine olan etkisini belirlemeye çalışmışlardır. Yapılan deneyler ve çalışmaların sonuçlarını değerlendirerek iki paslanmaz çeliğin kaynaklı birleştirmeleri için laser ışınının en iyi pozisyonunu belirtmişlerdir.

(Taşkın ve Çalıgülü, 2009), AISI 430 ferritik paslanmaz çelik ile AISI 1010 çelik çiftinin laser kaynağında kaynak gücünün kaynaklı bağlantıya olan etkisini incelemişlerdir. Laser kaynakları, argon ve helyum koruyucu gaz kullanılarak, 2000-2250-2500 W kaynak güçlerinde ve 100 cm/dak sabit kaynak hızında yapılmıştır. Kaynak sonrası birleşme ara yüzeyinde meydana gelen mikro yapı değişikliklerini optik mikroskop ve SEM-EDX analizleri ile incelemişlerdir. Malzemelerin bağlantı mukavemetini belirlemek için çekme deneyi yapmışlardır. Yapılan incelemeler sonrasında bütün kaynaklarda, artan kaynak gücüne paralel olarak kaynağın mekanik özelliklerinin iyileştiğini belirtmişlerdir.

(Borrisutthekul et al., 2005), AZ31B magnezyum alaşımı ve A5052-O aluminyum alaşımının laser kaynağını çalışmışlardır. Kaynak bağlantı şekli olarak bindirme kaynağı uygulamışlardır. İki metalin arayüzeyinde oluşan intermetalik bileşik tabakasının kalınlığını, ergiyik metalin genişliğini ve nüfuziyet derinliğini kontrol etmeye yardımcı olacak uygun bir metot ortaya çıkarmak için FEM sıcaklık transfer analizi yapmışlardır.

(Liu and Zhao, 2008), AZ31B magnezyum alaşımı ve 304 çelik çiftinden oluşan farklı malzemelerin Laser-GTA hibrid kaynak tekniğiyle birleştirilmesi durumunu çalışmışlardır. Bindirme kaynak bağlantı tipinde kaynaklar gerçekleştirmişlerdir.

Magnezyum ve demir arayüzeyinde oluşan Mg-Fe intermetalik bileşiklerini incelemişlerdir. Çekme deneylerinde numunelerin, mg ve çelik arayüzeyinden kırıldığını belirtmişlerdir. Bağlantıların zayıf mekanik özelliklerinin sebebi olarak, Mg-Fe arayüzeyinde oluşan metal oksitleri göstermişlerdir.

(Rathod and Kutsuna, 2003), A5052 aluminyum alaşımı ve SPCC çelik malzemeleri "Laser Roll Bonding" yöntemiyle kaynak etmişlerdir. Farklı basınçlar altında oluşturulan bağlantılar için zaman-sıcaklık-faz diyagramı oluşturmuşlardır. Sıcaklık profillerinin simülasyonunu yapmışlardır. Bağlantıların ara yüzeylerini elektron prop mikro analiz (EPMA) kullanarak belirlemişlerdir. Laser gücü, kaynak hızı ve makara basıncı arasında bir ilişki olduğunu söylemişlerdir.

(Costa et al., 2003), sert metaller ve çelik malzemelerin laser kaynağını çalışmışlardır. İki farklı sert metal kullanmışlardır; K10 ve K40. Sürekli dalga CO_2 laser, sürekli dalga Nd:YAG laser ve darbeli Nd:YAG laser makinası kullanmışlardır. Laser gücü, kaynak hızı ve odak uzaklığını incelemişlerdir. Kaynak dikiş boyutunu, mikro yapıyı, eğilme deneylerini ve sertliği değerlendirmişlerdir. Sürekli dalga Nd:YAG laser makinasıyla yapılan çalışmalarda en iyi sonuçların elde edildiğini belirtmişlerdir.

(Sharma and Molian, 2009), çift fazlı TRIP 780 çeliği ve yumuşak çeliklerin Yb:YAG laseri ile laser kaynağını çalışmışlardır. Kaynak profili ve mikroyapıyı karakterize etmek için optik mikroskop kullanarak metalografik incelemeleri yapmışlardır. Mekanik özellikleri değerlendirmek için mikro sertlik, çekme ve yorulma deneyleri gerçekleştirmişlerdir.

(Rodriguez et al., 2006), 6016 aluminyum alaşımı ve AISI 1020 çeliğinin ND:YAG laser makinası kullanarak laser lehim kaynağını incelemişlerdir. Bu çalışma, kaynak için kullanılan konfigürasyon tipinin, kırılgan fazların oluşumuna etkisi olduğunu ve dolayısıyla bağlantının mekanik performansını etkilediğini göstermiştir.

(Anawa and Olabi, 2006), 316 paslanmaz çelik ve düşük karbonlu çelik bağlantısının CO_2 laseriyle kaynağını incelemişlerdir. Deney tasarım (Design of Experiment/Taguchi) tekniği kullanarak laser gücü, kaynak hızı ve odak pozisyonu gibi kaynak parametrelerinin iki farklı çelik bağlantısının mekanik özelliklerine etkisini taguchi yaklaşımı kullanarak optimize etmeye çalışmışlardır. Mekanik özellikleri belirlemek için darbe dayanımını deneylerini yapmışlardır. Laser kaynak gücünün sonuçlara etkiyen ana faktör olduğunu bulmuşlardır. Kaynak hızı ve odak pozisyonunun da güçlü bir etkiye sahip olduğunu belirtmişlerdir.

2. LASERİN ESASLARI VE ÖZELLİKLERİ

2.1. Laserin Anlamı

Laser, ingilizce "Light Amplification by Stimulated Emission of Radiation" kelimelerinin baş harflerinden türetilmiş bir kelimedir. "Uyarılmış Yayınım Işımasıyla Işığın Güçlendirilmesi" olarak tercüme edilebilir.

2.2. Laserin Fiziksel Esasları

Laser, teorik olarak 1917 yılında, Albert Einstein' in bugün de hala geçerli olan laser fiziği çalışmalarına dayanan, uyarılmış yayınım prensibinin tanımını yapmasıyla ortaya çıkmıştır. Einstein, ışık ve atomlar arasındaki etkileşimi ifade ederek soğurulmanın yanında "kendiliğinden yayınım" ve "uyarılmış yayınımı" göstermiştir (Karaaslan, 2009). İlk laser makinası olan "Ruby Laser" 1960 yılında Theodore H. Maiman tarafından yapılmıştır (Buchfink, 2006).

2.2.1. Işığın atomlar tarafından soğurulması

Atomların yörüngelerindeki elektronlar uygun enerjili fotonları soğurarak veya yayarak daha yüksek veya daha düşük enerjili yörüngelere atlayabilirler. Atom kararlı halde bulunduğu E_1 enerji seviyesinde iken değişik yöntemlerle uyarılırsa, yani v frekansına sahip bir foton çarptırılırsa kararlı halde bulunan atom, fotonun sahip olduğu enerjiyi alarak E_2 enerji seviyesine yükselecektir. Bu olay uyarılmış soğurulma olarak adlandırılır (Kannatey, 2009).

2.2.2. Kendiliğinden yayınım

Bir atom uyarılarak E_1 enerji seviyesinden bir üst enerji seviyesi olan E_2 enerji seviyesine çıkarılır. Kararsız bir şekilde üst enerji seviyesine çıkan atom, kararlı halde olduğu E_1 enerji seviyesine geri dönmek isteyecektir. Bir atom bulunduğu üst enerji seviyesinde 10^{-8} s kalmaktadır (Karaaslan, 2009; Tarakçıoğlu ve Özcan, 2004). Alt enerji seviyesine dönerken atomdan foton denilen elektromanyetik dalgalar yayılır (Şekil 2.1). Bu olaya "kendiliğinden yayınım" denir. Fotonların sahip olduğu enerji aşağıdaki formülle hesaplanır:

$$h.\nu = E_2 - E_1$$

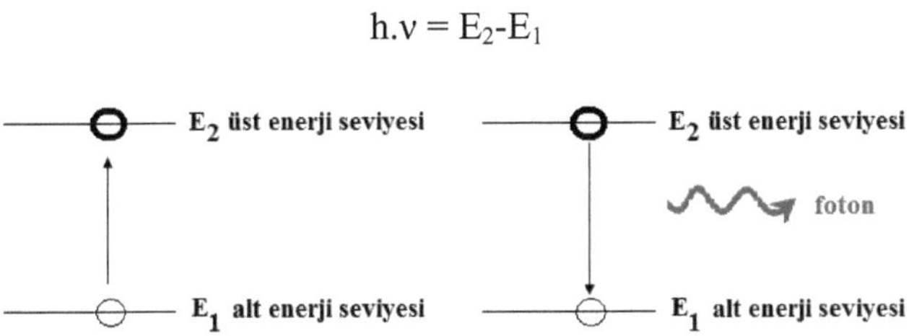

Şekil 2.1. Kendiliğinden yayınım prensibinin şematik gösterimi (Kannatey, 2009).

2.2.3. Uyarılmış yayınım

E_2 enerji seviyesinde bulunan bir atoma aynı frekanslı bir elektromanyetik dalga (foton) çarptığında bu atom E_1 enerji seviyesine inecektir. Çarpan dalganın enerjisi E_2-E_1 enerji farkı kadar artacaktır. Bu olaya "uyarılmış yayınım" denir. Şekil 2.2' de uyarılmış yayınım şematik olarak gösterilmiştir.

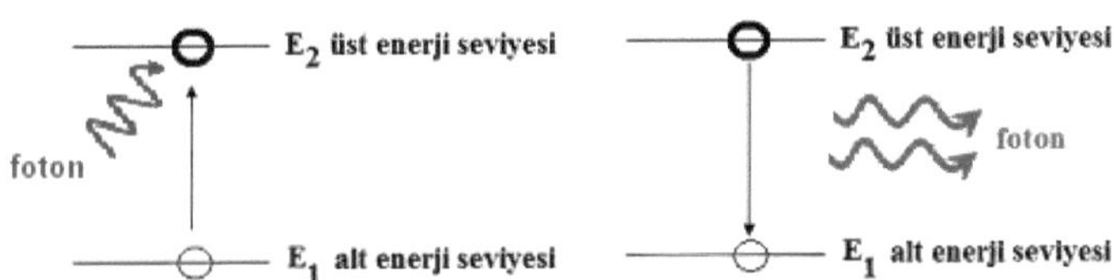

Şekil 2.2. Uyarılmış yayınım prensibinin şematik gösterimi (Tarakçıoğlu ve Özcan, 2004).

2.3. Laser Işını

2.3.1. Laser ışınının oluşumu

Prensip olarak laser ışınının elde edilmesi; ısıtılan malzemelerin, örneğin bir metal telin sıcaklığının artırılması ile kızıllaşarak ışık yaymasına benzemektedir. Isı enerjisi, maddenin atomlarını tahrik ederek, alt enerji seviyelerinden (E_1) üst enerji seviyelerine (E_2, E_3) çıkmalarını, belli bir yoğunluğa ulaşmalarını ve hareketliliklerini sağlamaktadır. Atomlar, 10^{-8} s kadar bir süre üst enerji seviyelerinde kararsız bir durumda kaldıktan sonra kendiliklerinden ve aniden ara enerji seviyelerine ve alt enerji seviyelerine (E_1, E_2) düşerler. Bu sırada daha önce alınan enerji, elektromanyetik dalgalar (foton) olarak geri verilmektedir. Aktif ortamda bu fotonlar diğer fotonlarla birlikte rezonatördeki aynalardan yansıma hareketi yaparlar. Foton sayısı belli bir değere ulaştığında kısmi geçirgen aynadan dışarı çıkarlar. Laser aktif maddeye pompalanan enerji süreklilik arz ettiği sürece laser ışın üretimi devam eder. Üst enerji seviyelerine çıkan atomların, foton yayması Şekil 2.3' de gösterilmiştir (Özden, 2008).

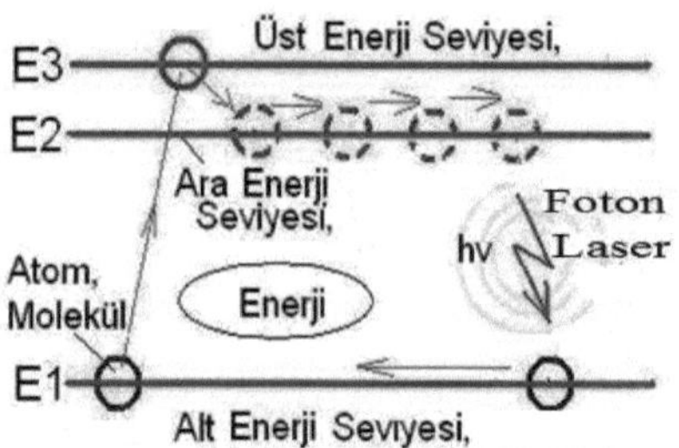

Şekil 2.3. Enerji seviyelerinde foton yayılımının şematik gösterimi (Özden, 2008).

Şekil 2.4' de laser ışınının oluşum aşamaları şematik olarak gösterilmiştir.

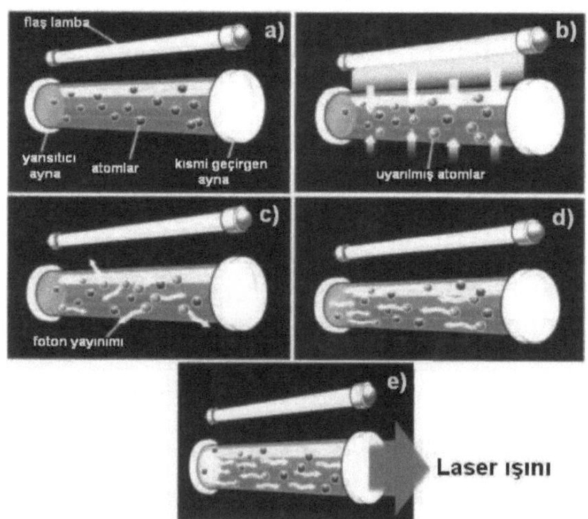

Şekil 2.4. Laser ışın oluşumunun aşamaları. a) atomların kararlı hali b) flaş lambanın aktif ortamı uyarması c) bazı atomların foton yayınlaması d) fotonların çoğalması e) aynalardan yansıyarak düzene girmiş fotonların laser ışını olarak kısmi geçirgen aynadan çıkması (Güleç, 2007).

2.3.2. Laser ışınının özellikleri

Laser ışınları, ışık tayfında mor ötesinden kızılötesi aralığına kadar değişen dalga boylarında bir ışıktır. Fakat diğer ışık kaynaklarının yaydığı ışıktan farklı özelliklere sahiptir. Şekil 2.5' de ışık tayfı üzerinde yaygın olarak kullanılan endüstriyel laserlerin ışın dalga boyları görülmektedir.

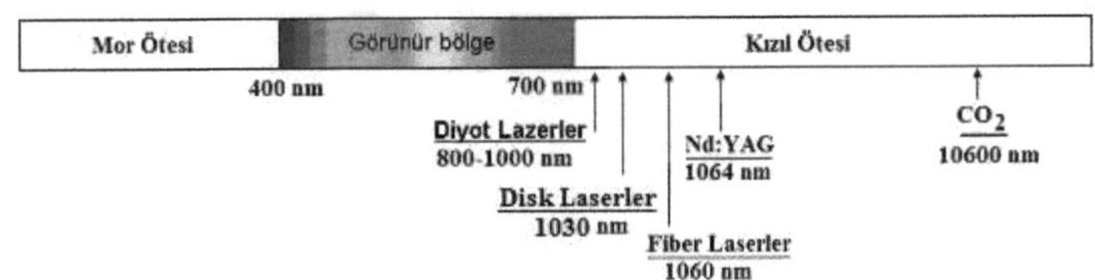

Şekil 2.5. Işık tayfı üzerinde endüstriyel laserlerin ışın dalga boyu değerleri.

2.3.2.1. Tek renklilik (monokromatiklik)

Bir lambadan ya da bir el fenerinden yayılan ışık farklı renklerde, yani farklı dalga boylarındadır. Fakat bir laser ışını, tek renkli, tek dalga boylu demetlerden oluşmaktadır. Örneğin bir Nd:YAG laseri 1.06 µm dalga boyuna sahip ışın üretirken, bir CO_2 laseri 10.6 µm dalga boyuna sahip ışın üretmektedir. Şekil 2.6' da, bir prizma kullanılarak laser ışığının tek renklilik yönünden normal ışıktan farkı şematik olarak gösterilmiştir.

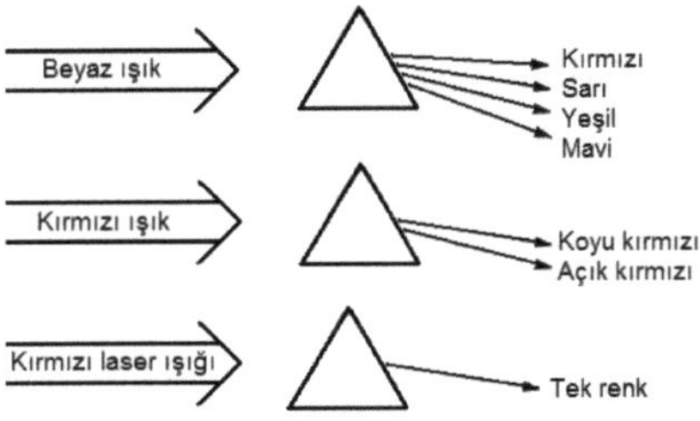

Şekil 2.6. Laser ışığının tek renkliliğinin prizma yardımıyla şematik gösterimi (Hitz et al., 2001).

2.3.2.2. Iraksaklık (ışının dağılması)

Iraksaklık, laser ışınlarının mesafe artıkça saçılma eğiliminin bir ölçüsüdür. Laser ışınları kısmi geçirgen aynadan çıkarken demetlenmiş olarak çıkmaktadır. Laser ışınları bu sayede neredeyse tam paralel olarak hareket eder. Bir lamba ya da el fenerinden çıkan ışık bu özelliğe sahip değildir (Ion, 2005). Örneğin bir gaz laserinde üretilen ışın 1 km yol katettiğinde yaklaşık olarak sadece 10 cm saçılmaktadır (Karaaslan, 2009). Laser ışın demetinin saçılması miliradyan (mm.mrad) olarak ölçülmektedir. Iraksaklık aynı zamanda laser ışınının kalitesini belirleyen bir özellik olarak da kullanılmaktadır.

2.3.2.3. Uyumluluk (bağdaşık/koherent)

Aynı dalga boyunda, aynı fazda ve doğrultuda olan ışık dalgaları birbiriyle uyumlu olarak kabul edilir. Laser ışınları, iki boyutta ve uzayda birbirleriyle uyumludur. Laser ışınının uyumluluk özelliği onu diğer ışık kaynaklarından ayırmaktadır. Şekil 2.7' de birbiriyle uyumlu ve uyumsuz dalgalar gösterilmiştir.

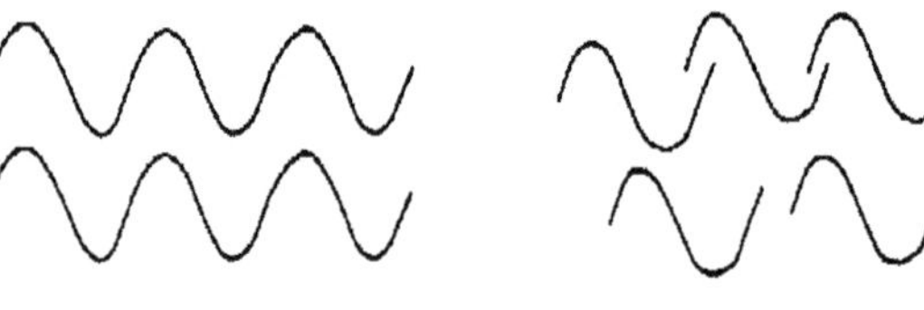

Birbiriyle uyumlu dalgalar   Uyumsuz dalgalar

Şekil 2.7. Dalgaların uyumluluğunun şematik gösterimi (Steen, 1991).

2.3.2.4. Yönlendirilebilirlik ve odaklanabilirlik

Geleneksel ışık kaynaklarından çıkan ışık, kaynağından dışarıya doğru bütün doğrultularda yayılır (Şekil 2.8). Laser ışınının sahip olduğu yönlendirilebilirlik özelliği onun çok küçük bir alana odaklanmasını sağlamaktadır. Laser ışınları rezonatörden çıktıktan sonra değişik odaklama araçlarına yönlendirilerek malzeme üzerinde çok küçük nokta boyutlarına kadar (d>0.1 mm) odaklanabilmektedir. Bu odaklama işlemi ile laser ışınının sahip olduğu güç yoğunluğu 10^8 W/cm^2 mertebelerine kadar yükseltilebilmektedir.

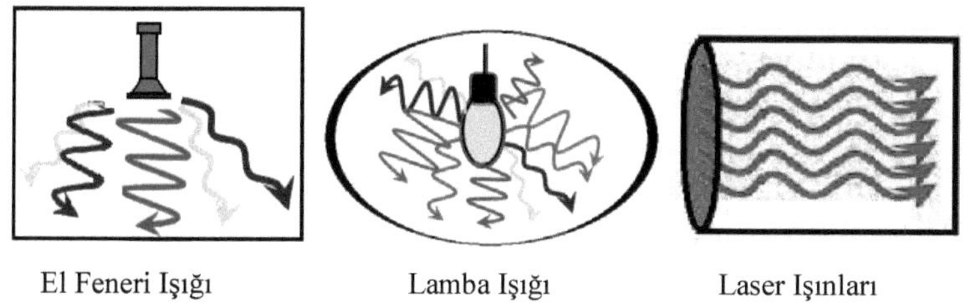

El Feneri Işığı Lamba Işığı Laser Işınları

Şekil 2.8. Laser ışını ve değişik ışık kaynaklarının şematik gösterimi.

2.4. Tipik Bir Laser Makinasının Temel Elemanları

Bir laser makinasından ışın elde etmek için rezonatör (Şekil 2.9) adı verilen bölümün bulunması gerekir. Bir rezonatörün içerdiği temel elemanlar aşağıda belirtilen bileşenlerdir;

- Uyarma mekanizması (I)
- Aktif ortam (II)
- Aynalar (III)

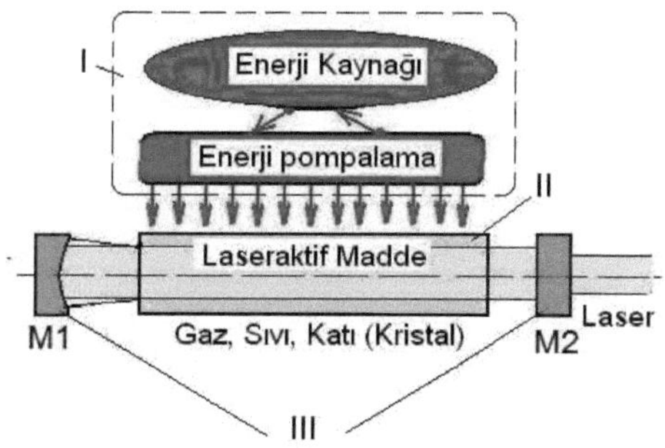

Şekil 2.9. Bir rezonatörün şematik gösterimi (Özden, 2008).

2.4.1. Aktif ortam

Laser aktif ortamı olarak adlandırılan bölüm laser ışınlarını meydana getirecek olan maddenin bulunduğu kısımdır. Bu maddeler katı, sıvı, gaz halinde olabilmektedir. Örneğin bir CO_2 laserinde aktif ortam, gazlardan oluşmaktadır.

Nd:YAG laserinde ise aktif ortam, neodmiyum:itriyum aluminyum garnet adı verilen kristal çubuklardan oluşmaktadır.

2.4.2. Uyarma mekanizması

Laser aktif maddenin uyarılması (pompalama) için çeşitli teknikler vardır: optik pompalama, elektriksel pompalama ve kimyasal pompalama. Endüstriyel laserlerde çoğunlukla kullanılan yöntemler; optik pompalama ve elektriksel pompalama' dır.

2.4.2.1. Optik pompalama

Bu pompalama şekli, yoğun bir ışık kaynağı kullanılarak laser aktif maddesinin uyarılmasıyla gerçekleşmektedir. Normal olarak iki tür ışık kaynağı kullanılır;

- Ark lambası ya da flaş lamba (Şekil 2.10).
- Diğer bir laser (genellikle diyot laser) (Şekil 2.11).

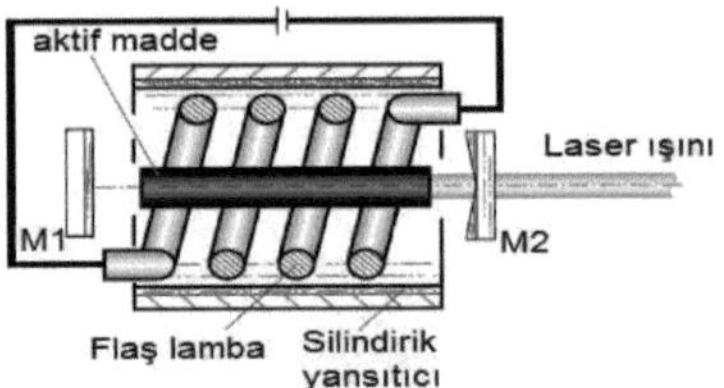

Şekil 2.10. Lamba kullanılan optik pompalama sisteminin şematik gösterimi (Kannatey, 2009).

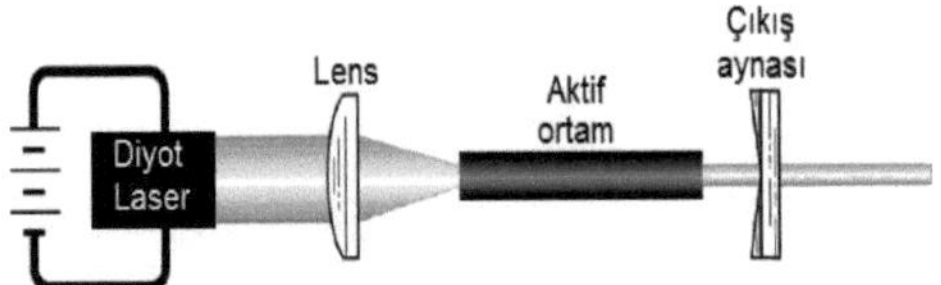

Şekil 2.11. Diyot laser kullanılan optik pompalama sisteminin şematik gösterimi (Kannatey, 2009).

2.4.2.2. Elektriksel pompalama

Elektriksel pompalama (Şekil 2.12) işlemi, 50 mA civarında düşük amperli, 1-2 kV' luk elektrik enerjisi geçişi sayesinde bir elektrik boşalmasıyla gerçekleştirilir.

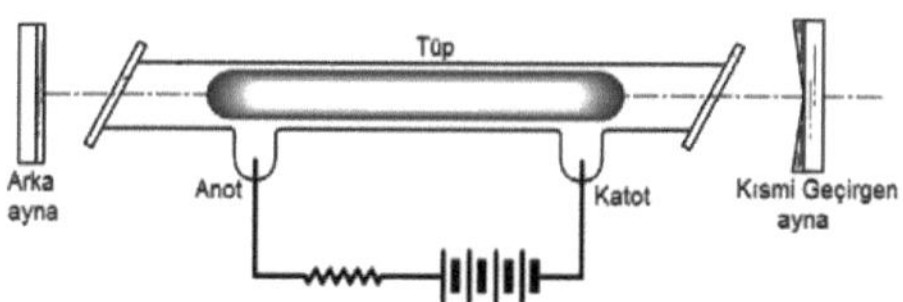

Şekil 2.12. Elektriksel pompalama sisteminin şematik gösterimi (Kannatey, 2009).

2.4.3. Geri besleme mekanizması (aynalar)

Geri besleme mekanizması iki aynadan meydana gelmektedir. Bu aynalar biri tam yansıtıcı ayna diğeri ise kısmi geçirgen aynadır. Aktif ortamda, uyarılmış emisyon ile başlayan laser ışın oluşum süreci ile ortamdaki fotonların sayısı artmaktadır. Giderek çoğalan fotonlar iki ayna arasında gidip gelmektedirler. Belli bir düzeyden sonra bu fotonlar kısmi geçirgen aynadan laser ışın demeti olarak çıkmaktadır.

2.5. Laser Türleri

Laser makinaları aktif ortamlarında bulunan maddelere göre ve çalışma tipine göre iki gruba ayrılabilir;

- Aktif ortam türüne göre laserler
- Çalışma türüne göre laserler

2.5.1. Aktif ortam türüne göre laserler

Aktif ortamda bulunan maddelere göre laserler üçe ayrılır; gaz laserler, sıvı laserler ve katı laserler. Şekil 2.13' de bu laserlerin alt gruplarında bulunan laser çeşitleri ayrıntılı bir şekilde görülmektedir.

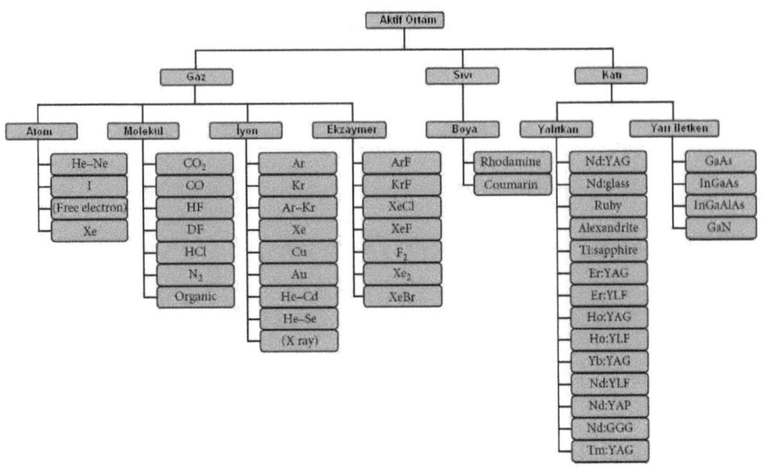

Şekil 2.13. Aktif ortam türüne göre laserlerin sınıflandırılması (Ion, 2005).

2.5.1.1. Gaz laserler

Gaz laserleri bulundukları günden itibaren en hızlı gelişen laserler olmuşlardır. Bu yüzden gaz laserleri endüstride kullanılan en yaygın laserlerdir. Güç seviyeleri birkaç milivat (He-Ne laseri) seviyelerinden onlarca kilovata (CO_2 laserler) kadar değişen aralıkta olabilir. Gaz laserler sürekli ya da darbeli modda çalışabilirler. Gaz laseri isimden de anlaşılacağı üzere aktif ortamında gaz kullanılan laserlerdir. Gaz laserlerinde enerji pompalama işlemi için optik pompalama uygun değildir. Bu yüzden elektriksel pompalama kullanılmaktadır (Kannatey, 2009).

Katı hal laserleri ve yarı iletken laserlerin küçük boyutlarda iken gaz laserler büyük boyutlara sahiptir. Kullanılan malzemeler diğerlerine oranla ucuzdur. Yüksek güçlü katı hal laserlerin aksine aktif ortamda hasar oluşumu yoktur. Aktif ortamda meydana gelen aşırı ısı, laser ortamındaki gazların taşınması ile kolayca ortamdan uzaklaştırılabilmektedir (Ready, 1997). Gaz laserleri ışık tayfında ultraviyoleden kızılötesine kadar çok geniş bir dalga boyu aralığında ışın üretirler. Endüstride en çok görülen tipi CO_2 laserleridir. CO_2 laserin dalgaboyu 10.6 μm' dir. Laser aktif ortamda çoğunluğu CO_2 gazı olan karışım gazları kullanılmaktadır.

2.5.1.2. Sıvı laserler

Sıvı laserler grubuna boya laserleri girmektedir. Boya laserlerinde etil alkol, metil alkol, gliserol ya da su gibi sıvı bir solvent içinde organik boya solüsyonu içeren bir aktif ortam kullanılır (Svelto, 1998). Boya laserlerinde de diğer laser makinalarında olduğu gibi aktif ortama enerji pompalamak için flaş lamba (Şekil 2.14) ya da bir diyot laser kullanılabilir. Boya laserleri pulslu ya da sürekli laser olarak çalışabilir. Nitrojen laseri ya da ekzaymer laser ile enerji pompalama yapılırken pulslu çalışabilirken, bir argon iyon laseri ile enerji pompalama yapılırsa sürekli mod olarak çalışabilir. Boya laserlerinin en büyük avantajı laser ışın dalga boyunun ayarlanabilir olmasıdır. Aktif ortamda kullanılan organik boyanın özelliğine göre belli aralıklarda laser ışın dalga boyu ayarlanabilmektedir. Örneğin Rodamine organik çözeltili boya laseri yeşil-sarıdan kırmızı renge kadar değişik dalga boyu aralığında ışın üretebilmektedir (Csele, 2004b).

İlk boya laseri 1966 yılında Peter Sorokin ve John Lankard tarafından IBM' in NewYork' ta bulunan Thomas J. Watson araştırma merkezinde bulunmuştur (Photonics, 2011). Boya laseri, bir Nd:YAG laseri gibi optik pompalamalı lasere benzer, sadece Nd:YAG laserinin aktif ortamındaki itriyum çubuk yerine boya hücresi vardır. Laser tüpü iç çapı 5 mm olan quartz camından yapılmıştır. İki tarafından quartz pencere ile kapatılmıştır ve içi organik boya çözeltisiyle doludur (Csele, 2004a).

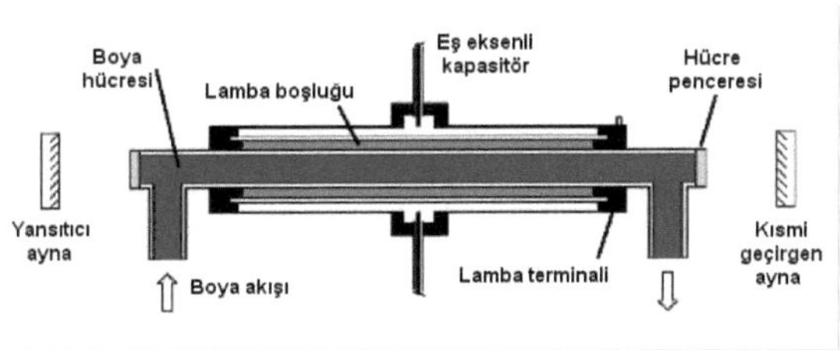

Şekil 2.14. Bir boya laserinin flaş lambalı pompalama sisteminin şematik gösterimi (Csele, 2004b).

2.5.1.3. Katı laserler

Katı hal laserlerinde aktif madde olarak genellikle uçları parlatılmış düz silindirik çubuklar kullanılmakla birlikte disk şeklinde aktif madde kullanımı da vardır. Katı hal laserlerini aktif madde şekillerine göre 3 gruba ayırabiliriz; çubuk laserler, fiber laserler ve disk laserler. Şekil 2.15' de aktif madde şekilleri görülmektedir.

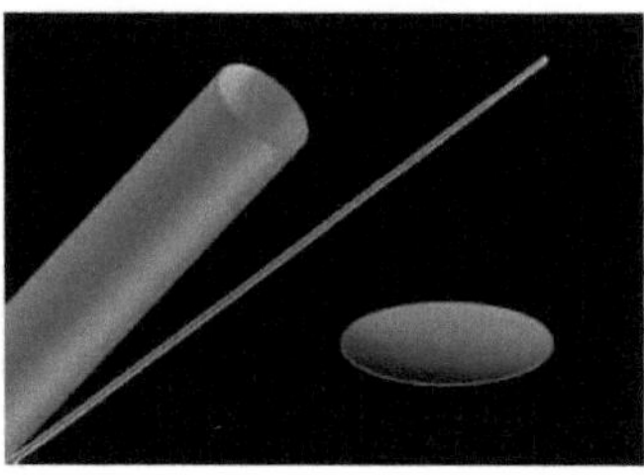

Şekil 2.15. Katı hal laserlerinde aktif madde şekilleri. Soldan sağa: çubuk, fiber, disk (Trumpf, 2007a).

Katı hal laserlerinde aktif ortamı pompalama işlemi, lamba ya da diyot laser ile yapılabilmektedir. Diyot pompalı katı laserler, lamba pompalı katı hal laserlerine göre aynı güçlerde daha fazla verim ve daha küçük boyut avantajı sağlamaktadır (Ready, 1997).

Katı hal laserlerinin ticari olarak en çok karşılaşılan tipi, aktif ortamında neodmiyum katkılı itriyum aluminyum garnet çubuk bulunan Nd:YAG laserlerdir.

2.5.2. Çalışma tipine göre laserler

Laser makinaları iki farklı şekilde ışın yayarlar. Bu ışınların yayılma şekline göre laserler sürekli ya da darbeli (pulslu) laserler olarak adlandırılır. Endüstriyel çalışma şartlarında bazı işlemler darbeli laserlerle yapılırken bazılarında sürekli lasere ihtiyaç duyulmaktadır. Örneğin nokta kaynağı darbeli laser ile yapılabilirken, sertleştirme işlemi için sürekli lasere ihtiyaç vardır.

2.5.2.1. Sürekli laserler

Sürekli laserlerde (CW) aktif ortam, sürekli olarak enerji pompalamaya tabi tutulur ve sürekli bir laser ışını yayar. Sürekli laser ışını elde etmek için pompalama işleminde ark lambaları kullanılır. Sürekli dalga laserlerde laser ışını ile sabit bir enerji iletimi yapılmaktadır. Şekil 2.16' da enerji iletiminin şematik bir gösterimi vardır.

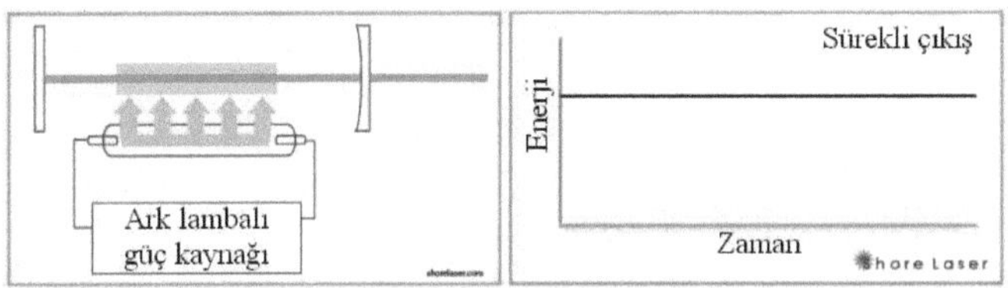

Şekil 2.16. Sürekli dalga laserinde enerji iletiminin şematik gösterimi (Shore Laser, 2011).

2.5.2.2. Darbeli (pulslu) laserler

Darbeli laserler ile elde edilen ışın kısa laser puslarından meydana gelir. Şekil 2.17' da enerji iletiminin şematik bir gösterimi vardır. Darbeli laser ışını elde etmek için pompalama işleminde flaş lambaları kullanılır. Laser pulslarının frekansı, süresi ve gücü, laser ışınının ortalama gücünü belirler. Bazı katı hal laserleri darbeli modda çalışmak üzere dizayn edildiğinde birkaç milisaniye puls zamanında 60 kW' a kadar puls gücü elde edilebilir (Trumpf, 2007a). Aşağıdaki eşitlik ortalama laser gücünü vermektedir;

$$P_L = P_p.t_p.f_p$$

Bu denklemde, P_L: ortalama laser gücü, P_p: darbe gücü, t_p: darbe süresi, f_p: darbe frekansı' dır.

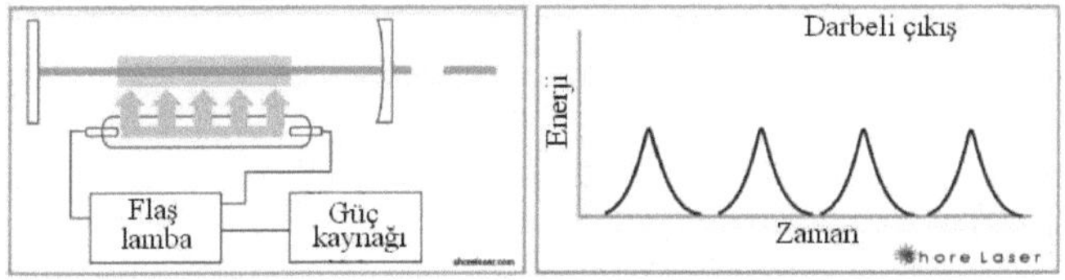

Şekil 2.17. Darbeli (pulslu) laserde enerji iletiminin şematik gösterimi (Shore Laser, 2011).

3. LASER SİSTEMLERİ

Laser ışın üreteci, bir laser sisteminde bütün bölümlerin yalnızca bir parçasını oluşturmaktadır. Malzeme işlemlerinde kullanılan bir laser makinasında bulunan bileşenleri aşağıdaki gibi gruplayabiliriz:

- Laser ışın üreteci,
- Laser ışınını iletmek, şekillendirmek, odaklamak için kullanılan bileşenler,
- Laser ışını ve iş parçası arasında bir hareket oluşturmak için kullanılan bileşenler,
- İş parçasını sabitlemek için kullanılan bağlama düzenekleri (fikstürler),
- İşlem gazı ve ilave malzeme için gerekli donanımlar,
- Soğutma sistemleri,
- Kontrol sistemleri

3.1. Laser Işın Üreteci

Bütün laser makinaları, ışının oluştuğu ve güçlendirildiği bölüm olan rezonatör içermektedir. Rezonatör, bir ucunda yansıtıcı ayna, bir ucunda kısmi geçirgen ayna bulunan düzenektir (Şekil 3.1).

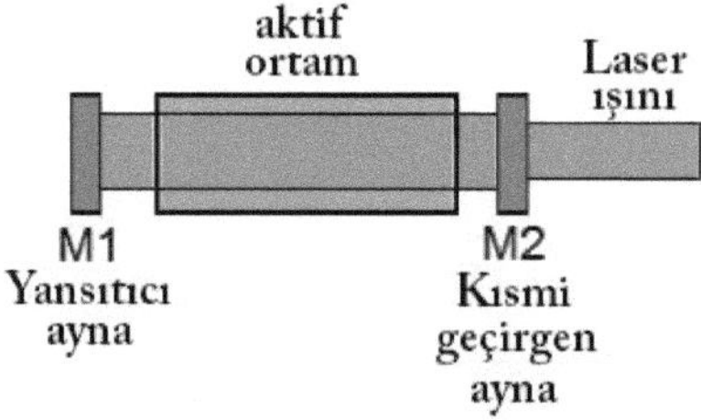

Şekil 3.1. Bir rezonatörün şematik gösterimi.

3.2. Laser Işınını Taşımak, Şekillendirmek ve Odaklamak İçin Kullanılan Bileşenler

Rezonatördeki kısmi geçirgen aynadan çıkan laser ışını işlem yapılacak malzeme üzerinde çok küçük bir noktaya odaklanarak yüksek güç yoğunlukları elde edilmektedir. Laser ışını işlem yapılacak noktaya ulaşana kadar birçok bileşen kullanılmaktadır. Örneğin, ışını taşımak için fiber optik kablolar ve odaklama işlemi için lensler ya da parabolik aynalar kullanılmaktadır.

3.2.1. Taşıyıcılar ve yön vericiler

3.2.1.1. Aynalar

Laser ışınları doğrusaldır. Yani düz bir çizgide hareket etmektedir. Laser ışını, aynalar ve optik sistemler (prizmalar, mercekler) yardımıyla yönlendirilebilmektedir. Bu sayede, laser ışını farklı noktalara kadar ulaştırılabilmektedir. Örneğin, bir CO_2 laser makinasında laser ışınının iş parçasına taşınmasında ve ışının doğrultusunu değiştirme de aynalar kullanılmaktadır.

Düşük güçlü laser makinalarında çoğu ayna parçaları silikon ve germanyumdur. Yüksek güçlü laserlerde silikon ya da metal (bakır, gümüş ya da altın) aynalar kullanılmaktadır (Ready, 2002). Yüksek güçlü laser makinalarında kullanılan aynaların kenar ya da arka kısımlarında soğutma tertibatı vardır.

3.2.1.2. Fiber optik kablolar

Laser ışınının dalga boyuna bağlı olarak ışın taşıma işleminde fiber optik kablolar kullanılabilmektedir. Fiber optik kablolar hafif ve bükülebilir olduklarından dolayı laser malzeme işlemlerinde esnek çalışma imkanı sunmaktadırlar. Laser ışınının özelliklerine bağlı olarak laser makinasında kullanılan fiber optik kabloların çapları 0.2 mm, 0.4 mm, 0.6 mm ve 1 mm olabilmektedir.

Nd:YAG laser, fiber laser ve disk laserlerde ışınının taşınması için fiber optik kablolar kullanılmaktadır. Fiber optik kabloların laser sistemlerinde birçok avantajları vardır (Trumpf, 2007a);

- 100 metreye kadar ışın iletimine olanak sağlarlar,
- Hemen hemen kayıpsız olarak laser ışını iletilebilir, güç kaybı yaklaşık % 4' dür (Karaaslan, 2009).
- Esnek çalışma imkanı sunarlar; eğilip bükülebilirler.

3.2.2. Kolimatör (ışın genişleticileri)

Odaklama kafasının en önemli parçalarından biri kolimatördür (Kratky et al., 2008). Laserle malzeme işlemede sürekliliği sağlamak için iş parçası üzerinde sabit bir güç yoğunluğu devam ettirilmelidir. Işın genişleticileri, laser ışınını genişleterek odaklanan ışın çapını değiştirirler, böylece ışınının saçılmasını düzenlerler (Ion, 2005). Şekil 3.2' de değişik kolimatörler şematik olarak gösterilmiştir.

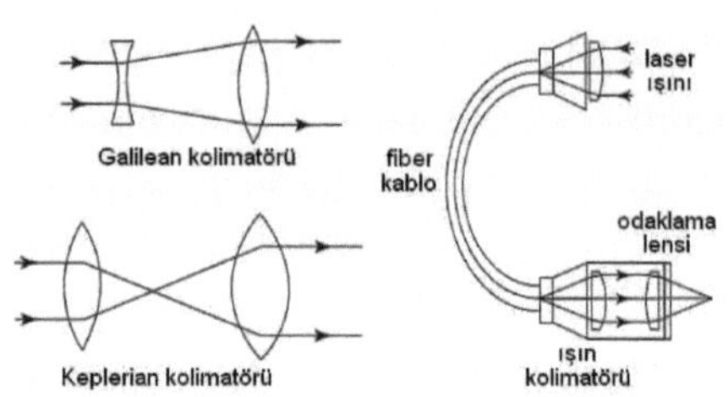

Şekil 3.2. Değişik kolimatörlerin şematik gösterimi (Ion, 2005).

3.2.3. Odaklama lensleri

Odaklama lensleri laser kafası içinde bulunmaktadır. Aynalar yardımıyla ya da fiber optik kablo yardımıyla iş parçasına ulaşmadan önce laser kafasına gelen laser ışınının, iş parçası üzerinde bir noktaya odaklanması için odaklama lensleri kullanılmaktadır.

Laser kafası içinde bulunan odaklama lensleri, kaynak sıçrantıları ya da işlem esnasında ortaya çıkan isli dumandan etkilenmektedir. Bu gibi zararlı durumlar meydana geldiğinde optik lensler kirlenmektedir. Bu kirlenmeden dolayı odaklama işlemi tam olarak yapılamamaktadır. Ayrıca odaklama lensleri, üzerlerindeki kirlenmeden dolayı laser ışınındaki enerjiyi daha fazla soğurup zarar görmektedir. Odaklama lenslerini bu durumlardan korumak için aşağıdaki önlemler alınmalıdır;

- Daha büyük odak uzaklığına sahip odaklama lensleri (büyük odak uzaklığı odak çapının büyük olması demektir) kullanılmalıdır.
- Laser kafası içinde odaklama lensleri ve nozul arasında bir hava perdesi oluşturan kenar jet (cross-jet) kullanılmalıdır.

3.3. Laser Işını ve İş Parçası Arasında Bir Hareket Oluşturmak İçin Kullanılan Bileşenler

Malzeme işleme süresince laser ışını ve iş parçası arasında iş hareketi oluşturmak için laser sistemlerinde değişik yöntemler uygulanmaktadır; Laser kafası sabit ve iş parçası hareketli ya da iş parçası sabit ve laser kafası hareketli. Çok eksenli sistemlerle üç boyutlu parçaları işlemek için, laser kafası ve iş parçasının bağımsız hareketiyle 10 eksenli işlemler başarılmaktadır (Ready, 2002).

Malzeme işleme için kullanılan yüksek güçlü laser ışınları insan gözünün algılayamadığı dalga boyuna sahiptir. Laser ışınının malzeme yüzeyine konumlandırılmasını kolaylaştırmak için laser kafası üzerinde düşük güçlü, görünür ışına (pilot laser ışını) sahip laser kullanılmaktadır. İşlem için başlat düğmesine basılıp, laser ışın üreteci harekete geçirilince pilot laser ışını kapanır ve yüksek güçlü laser ışını malzeme üzerine gönderilir.

3.4. İş Parçasını Sabitlemek için Kullanılan Bağlama Düzenekleri (Fikstür)

Birleştirme yapılacak bağlantı boyunca, laser ışınının küçük odak çapından dolayı tolere edilemeyen boşluklar için laser kaynağında doğru fikstürleme önem arz etmektedir. Kaynaklanacak parçaların sabitlenmesi, laser kaynak işleminde zaman kaybına yol açar ve pahalı bir imalat aşamasıdır. Fakat laser makinalarının yüksek kaliteli üretim sağlaması ve kaynak sonrası işlemi azaltması bu dezavantajı bertaraf etmektedir.

Birleştirilecek parçalar, açısal büzülmeler ve eğilme büzülmelerinden kaçınmak için sabitlenebilir. Sıkıştırma sistemi kaynak dişinin büzülmesinden kaynaklanan yatay ve dikey düzlemlerde açılmayı önler (Ion, 2005). Şekil 3.3' de laser malzeme işlemlerinde kullanılan bir fikstür görülmektedir.

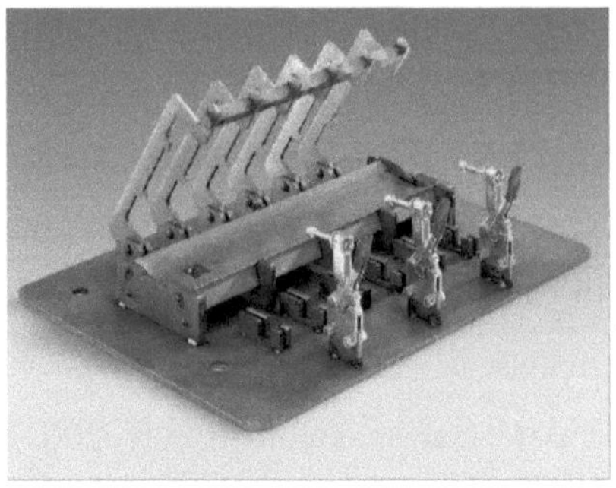

Şekil 3.3. Laser malzeme işlemleri için kullanılan bir fikstür (Trumpf, 2007b).

3.5. İşlem Gazı ve Ek Malzeme için Gerekli Donanımlar

Laser kaynak yöntemi genellikle otojen olarak gerçekleştirilmektedir. Bununla birlikte dolgu teli kullanımı bazı hasarların oluşumuna engel olur. Dolgu teli kullanımı, kaynak metali dayanımını geliştirmek için gerekli alaşım eklemelerini sağlar ve kaynak metali çatlamasını önler. Örneğin, 6000 serisi aluminyum alaşımlarının kaynağında olduğu gibi (Ready, 2002).

Laser kaplama yönteminde dolgu metalleri çok sık kullanılmaktadır. Dolgu metali genellikle toz ya da tel şeklinde olmaktadır. İhtiyaçlara göre değişik uygulamalarda birlikte de kullanılabilmektedir. Dolgu metali, laser kafasına bağlantısı yapılmış bir nozul yardımıyla yüzeye ya da kaynak metaline doğru yönlendirilmektedir (European Standard, 2005). Şekil 3.4' de bir dolgu teli besleyicisi görülmektedir.

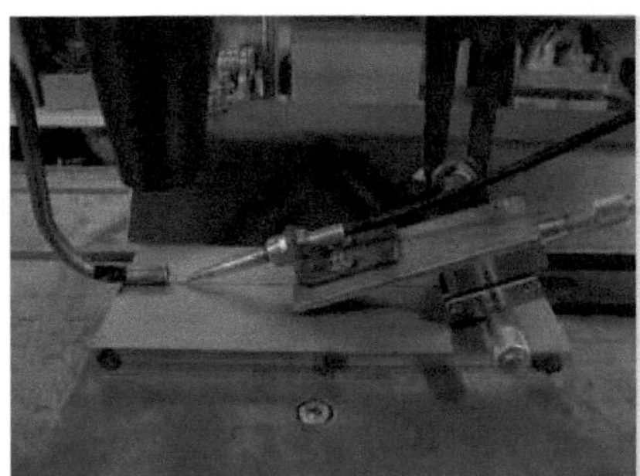

Şekil 3.4. Bir dolgu teli besleyicisinin laser kafasına bağlanmış görüntüsü. 1-laser kafası, 2-koruma gaz nozulu, 3-dolgu teli nozulu, 4-dolgu teli besleyici nozulu ayarlama tablası (Jokinen, 2004).

3.6. Soğutma Sistemleri

Bir laser makinasının soğutma işlemi çok önemli bir parametredir. Yüksek güçlü laser makinalarının aktif ortamında çok yüksek sıcaklık değerlerine ulaşılmaktadır. Laser makinasının verimli ve kararlı bir şekilde ışın enerjisi üretmesi için, laser makinasında meydana gelen bu aşırı ısınmanın kontrollü bir şekilde azaltılması gerekmektedir.

Birçok laser sistemleri düşük termal verime sahiptir. Bu durum, yüksek güçlü laserlerden büyük miktarda ısı uzaklaştırılmasını gerektirmektedir. Örneğin 10 kW' lik bir CO_2 laserinin soğutma sistemi yaklaşık 200 kW' lik ısıyı uzaklaştırabilmelidir. Soğutucu olarak çoğunlukla de-mineralize su kullanılır (European Standard, 2005).

3.7. Kontrol Sistemleri

Bugün kullanılmakta olan tuşla kumandalı, PC kontrollü, PLC kontrollü gibi çok geniş yelpazede değişen laser kontrol sistemleri vardır. Yüksek güçlü laser sistemlerinin genellikle daha büyük ve daha ileri kontrol sistemleri vardır. Operatör açısından sistemin doğrudan kontrollü olması ve sistem fonksiyonlarının izlenebilmesi, kontrol sistemlerinin temel özellikleridir. Bununla birlikte bileşenlerin kalibre edilmesinin yanı sıra hata bulma ve uyarı verme, sistemin diğer özellikleridir (Ready, 2002). Fabrikasyon laser sistemleri, üretici firma tarafından geliştirilmiş olan kontrol sistemleriyle birlikte kurulup, çalışmaya hazır bir şekilde teslim edilmektedir. Şekil 3.5' de kaynak işlemlerinde kullanılan HL 3006 D laser makinasının kontrol sistemleri görülmektedir.

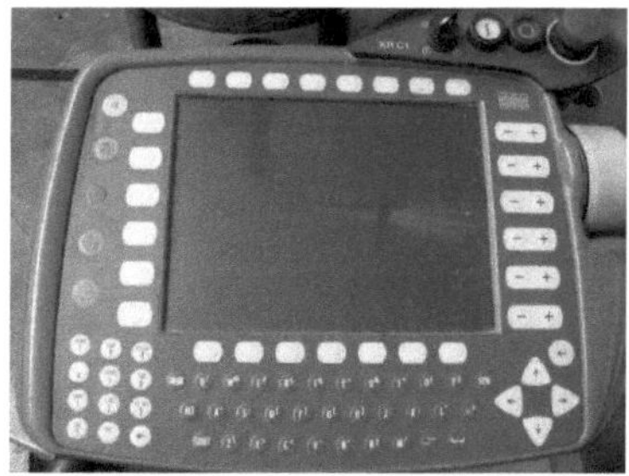

Şekil 3.5. Laser makinasının bilgisayar ve robot kontrol ünitesi.

4. ENDÜSTRİYEL LASER MAKİNALARI

1960 yılında T. H. Maiman' ın ilk laseri icat etmesinden sonra, onlarca laser cihazı geliştirilmiş olmasına rağmen, bunlardan çok azı ticari değer kazanıp imalat işlemlerinde kullanım imkanı bulmuştur. Bugün endüstride en sık görülen laser makinaları CO_2 Laserler, Nd:YAG Laserler ve son zamanlarda oldukça geliştirilen Disk Laserler ve Fiber Laserler' dir.

Günümüz sanayisinde en çok kullanılan laser cihazları CO_2 laserlerdir. CO_2 laserler yüksek güçlere sahip olması ve nispeten düşük maliyetli olmalarından dolayı rağbet görmektedirler. CO_2 laserlerden sonra sanayide en çok görülen laser cihazları Nd:YAG laserlerdir. Fiber laserlerin güçleri görece düşük kaldığı için pek talep edilmemekle birlikte, son zamanlarda fiber laserlerin güçlerinin artırılması ve diğer laserlere göre sahip olduğu avantajlardan dolayı kullanımları giderek artmaktadır. Şekil 4.1' de endüstriyel laserlerin operasyon maliyetlerinin karşılaştırılması gösterilmektedir.

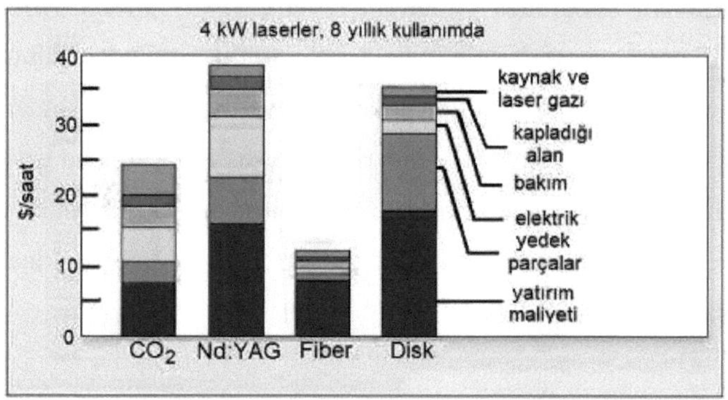

Şekil 4.1. Endüstriyel laserlerin işlem maliyetlerinin karşılaştırılması (Assunção et al., 2009).

4.1. CO_2 Laserler

CO_2 laserler, gaz laserleri grubundadır. Aktif ortamda CO_2 gazının yanında belli oranda N_2 ve He gazı bulunmaktadır. CO_2 laserlerin verimleri %5-15 arasındadır (European Standard, 2005). CO_2 laserlerin çıkış güçleri 100 kW' a kadar çıkmaktadır (Ready, 1997). Fakat endüstride kullanılan CO_2 laser sistemleri 15 kW' nin altında ve ağırlıklı olarak 3 kW' nin altındadır (Ready, 2002). CO_2 laser makinalarının ürettiği ışınların, malzemeler tarafından soğurulması düşük kalmaktadır. Oda sıcaklığında ve yüzeye dik CO_2 laser ışınının soğurulması çoğu metaller için % 20' nin altındadır (Ohse, 1998). Şekil 4.2' de CO_2 laserin şematik bir resmi gösterilmiştir.

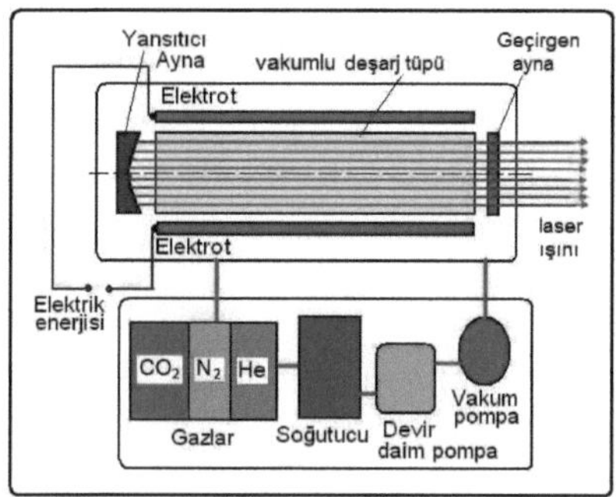

Şekil 4.2. CO_2 laser cihazının şematik gösterimi (Özden, 2008).

4.2. Nd:YAG Laserler

Nd:YAG laserler, katı laser grubundadır. Aktif ortamında neodmiyum:itriyum aluminyum garnet kristal çubuk bulunmaktadır. Nd:YAG laserlerin verimleri CO_2 laserlere göre düşüktür. Lamba ile enerji pompalanan Nd:YAG laserlerin verimleri genellikle % 5' in altındadır. Diyot laser ile enerji pompalanan Nd:YAG laserlerin verimleri % 5' tir (European Standard, 2005). Nd:YAG laserlerin çıkış güçleri 4 kW' a kadar çıkmaktadır. Pulslu Nd:YAG laser cihazı ile 10 kW aralığında laser darbe gücü elde edilebilmektedir (Ready, 2002). Şekil 4.3' de Nd:YAG laserin şematik bir resmi gösterilmektedir.

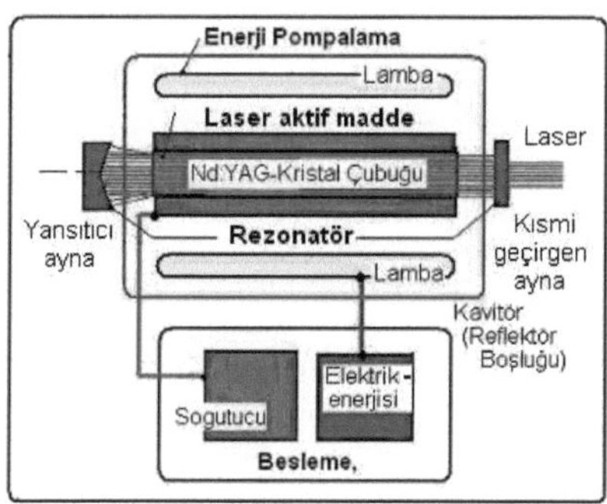

Şekil 4.3. Nd:YAG laser cihazının şematik gösterimi (Özden, 2008).

Sürekli dalga (cw) Nd:YAG laserler yüksek güce ek olarak yüksek coupling sunarlar. Sürekli dalga CO_2 laserlerle eşit güçlerde sürekli Nd:YAG laserler ile daha hızlı kaynak yapılabilir (Weston et al., 1998; Weston and Wallach, 2003).

Nd:YAG laserler, fiber optik kablo kullanımına uygun olduklarından dolayı iş tablasına onlarca metre mesafe uzaklıklarda kurulumları yapılabilmektedir. Şekil 4.4' de bir Nd:YAG laser kafası ve fiber optik kablo gösterilmektedir.

Şekil 4.4. Nd:YAG laser kaynak kafası ve fiber optik kablo (Buchfink, 2006).

CO_2 ve Nd:YAG laserlerin her ikiside kızılötesi ışık üretmektedirler. CO_2 laser ışınının dalga boyu Nd:YAG laserinkinden 10 kat daha büyüktür (CO_2=10.6 μm Nd:YAG= 1.06 μm). Nd:YAG laser ışını daha kısa dalga boylu olduğu için CO_2 lasere göre belirgin üç avantajı vardır (Ready, 2002). Bu avantajlar;

1. Nd:YAG laser ışının CO_2 laserinkinden daha küçük bir nokta boyutuna odaklanabilir. Bu durum Nd:YAG laser ışını ile daha iyi, daha detaylı işler başarılabileceği anlamına gelmektedir.
2. Nd:YAG laser ışını metal yüzeyler tarafından daha az yansıtılır. Bu nedenle Nd:YAG laserler, yüksek yansıtıcılığa sahip metallerle çalışmak için daha uygundur.
3. Nd:YAG laser ışını cam içinden geçebilir, CO_2 laser ışını geçemez. Bu, minimum nokta boyutuna ışığı odaklamak için yüksek kaliteli cam fiberlerin kullanılabileceği anlamına gelir. Optik fiberler ile laser ışını uzun mesafeler boyunca, iş parçasının bulunduğu alana taşınabilir.

4.3. Fiber Laserler

Fiber laserlerin aktif ortamında erbiyum, iterbiyum, neodmiyum, disprosyum, prasodmiyum ve talyum gibi maddeler kullanılmaktadır (Şekil 4.5). Malzeme işleme operasyonları için kullanılan şu anda mevcut olan yüksek güçlü fiber laserler için en yaygın kullanılan aktif madde olarak erbiyum ve iterbiyumdur. İterbiyum aktif maddeli laserler, 1060 ve 1080 nm arasında dalga boyu yayar. Fiber laserler, CO_2 ve Nd:YAG laserlere göre oldukça yüksek (yaklaşık % 30) verim değerine sahiptir (IPG Photonics, 2011).

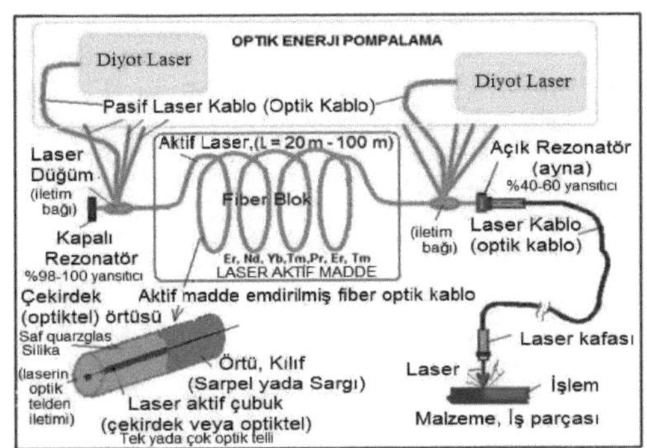

Şekil 4.5. Fiber laser cihazının şematik gösterimi (Özden, 2008).

Fiber laserler, mükemmel bir doğrusallık ve enerjinin çok küçük odak çapı içinde yoğunlaştırılmasını sağlar. Bu sayede 25 mm kalınlıklara kadar levhaların kaynağının yapılabilmesine olanak sağlar. Buna ek olarak uzun periyodlar boyunca bakım gerektirmeyen çalışmalara uygundur. Enerji dönüşüm verimliliği (giren güce göre çıkış gücü) son derece yüksektir (Sumitomo Industries, 2008; Zhao et al., 1999).

Endüstriyel olarak kullanılan fiber laserler 10 kW' nin üzerine çıkmıştır. Örnek olarak Avrupa' da 17 kW' lik bir Yb-fiber (iterbiyum fiber) laser kurulumu yapılmıştır. Ayrıca Japonya' da 20 kW' lik bir fiber laser çalıştırılmaya başlanmıştır (Verhaeghe, 2005; Sumitomo Industries, 2008). 20 kW fiber laser ile 2 m/dak kaynak hızında 25 mm kalınlıklı paslanmaz çelik kaynaklı birleştirmesi, elektron ışın kaynağı kalitesinde gerçekleştirilebilir (Connor and Shiner, 2011). Fiber laserlerin şu an için termal problemlerden dolayı 30 kW seviyelerine çıkması mümkün görünmemektedir (Beach et al., 2003).

4.4. Disk Laserler

Disk laserler, diyot pompalı yüksek güçlü katı hal laserinin özel bir türüdür. Almanya, Stuttgart Üniversitesinde Adolf Giesen ve arkadaşları tarafından 1990' larda tanıtılmıştır. Silindirik çubuk şeklindeki katı hal laserlerinden farkı aktif ortamın ince bir disk şeklinde olmasıdır (Şekil 4.6). Laser aktif ortamında en sık kullanılan aktif madde Yb:YAG (iterbiyum katkılı itriyum aluminyum garnet) maddesidir. Nd:YAG laserlere kıyasla daha küçük dalga boyludur. Bu tip laserlerden 1030 nm dalga boyuna sahip laser ışını elde edilmektedir (Paschotta, 2011).

Disk laserlerin dalga boyu yakın kızılötesi bölgede olduğu için Nd:YAG laserlerinde olduğu gibi fiber optikler ve kuvars optikler disk laserlerde de kullanılabilir. Disk laser için fiber optik çapı yaklaşık 100-300 μm aralığında olabilir. Disk laserler ile kesme ve kaynak işlemleri yapılabilir (Wirth, 2004). Disk laserlerin verimi oldukça yüksektir. % 50 seviyelerinde verim elde edilmektedir (Ahmed et al., 2011). 16 kW güçlere kadar disk laserler bulunmaktadır (Trumpf, 2011).

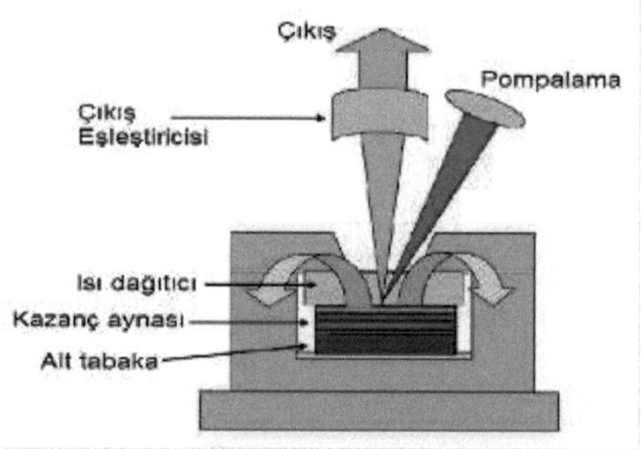

Şekil 4.6. Yarı iletken disk laserin şematik gösterimi (Harkonen, 2009).

5. LASER-MALZEME ETKİLEŞİMİ

Laser ışın parametreleri ve iş parçasının özellikleri laser kaynak uygulamasının sonuçlarını güçlü bir şekilde etkiler. İş parçasının termal difüzyon katsayısı önemlidir. Yüksek termal difüzyon, iş parçası boyunca ısı enerjisinin daha hızlı iletimine ve genelde kaynağın daha derin olmasına izin verir. Yüksek yüzey yansıtıcılığı, yüzey tarafından soğurulan enerjiyi azaltabilir. Yüksek yansıtıcılığa sahip metallerin kaynağında, düşük yansıtıcılığa sahip metallerin kaynağından daha çok enerjiye gereksinim vardır. Yüzey yansıtıcılığı kullanılacak olan laserin seçimini etkilemektedir. Parlak bir yüzey kaplama yoluyla koyulaştırılabilir, fakat bu her zaman verimli değildir. Parlak metal etkilenmeden kaplama hızlıca buharlaşabilir. Son yapılan yüzey işlemi de ışığın soğurulmasını ve dolayısıyla kaynak nüfuziyetini etkileyebilir (Ready, 1997).

Laser imalat yöntemlerinde yapılan işlemler, laser ışınının malzeme yüzeyinde soğurulması ile oluşan ısı etkisiyle gerçekleştirilmektedir. Bu ısıl etki ile malzemede ısıtma, ergitme ve buharlaştırma olayları meydana gelmektedir. Bu sayede malzemelerin yüzey sertleştirme, alaşımlama, kaplama, lehim, kaynak ve kesme işlemleri yapılabilmektedir. Şekil 5.1' de laser malzeme işlemleri için gerekli güç yoğunlukları ve etkileşim zamanları görülmektedir.

proses örnekleri	sertleştirme, lehim	ısı iletim kaynağı	derin nüfuziyet kaynağı	delme	malzeme kaldırma, oyma
ana etki	ısıtma	ergitme	ergitme buharlaştırma	buharlaştırma	buharlaştırma iyonizasyon
güç yoğunluğu	30 W/mm^2	1 kW/mm^2	10 kW/mm^2	1 MW/mm^2	10 MW/mm^2
etkileşim süresi	saniye	milisaniye	milisaniye	milisaniye	nanosaniye

Şekil 5.1. Laser işlemlerinin gerçekleştiği güç yoğunlukları ve etkileşim zamanları (Trumpf, 2007a).

5.1. Enerji Transferi

Laser ile malzeme işlemlerinin hepsi, laser ışını ile malzeme arasındaki etkileşimden oluşmaktadır. Laser ışını malzeme tarafından soğurulduğunda, malzemenin içine ve çevresine doğru bölgesel ısı akışı başlamaktadır. Gönderilen ışın gücünün birim alanda soğurulan miktarı, ısı kaybından daha büyük olduğunda malzemenin yüzeyindeki ısınma devam eder. Kritik güç yoğunluğu I_E (malzemenin ergimesi için gerekli laser güç yoğunluğu) aşıldığında yüzeyin ergimesi ve devamında I_B kritik güç yoğunluğu (malzemenin buharlaşması için gerekli laser güç yoğunluğu) aşıldığında buharlaşma başlar. Güç yoğunluğunun artmasıyla başlayan bölgesel buharlaşma ve sonrasında oluşan hareketli buharın basıncı, ergiyik fazın uzaklaşmasını sağlayarak laser ışınının malzemenin daha derin bölgelerine ulaşmasını sağlar. Bu sayede özellikle kaynak işlemi gerçekleştirilebilir (Karaaslan, 2009).

Laser kaynağında laser ışınından metale olan enerji transferi (coupling) önemlidir. Elde edilen coupling değerleri kaynak için kullanılan laserin dalga boyuna açık bir şekilde bağlıdır. CO_2 laserlere göre daha kısa dalga boylu ışın üreten Nd:YAG laserler ile daha yüksek soğurma seviyeleri elde edilir (Weston and Wallach, 2003; Walsh et al., 2003).

Malzemeyi eritmek için ihtiyaç duyulan enerji, malzeme içerisine laser ışınından aktarılır. Enerji transferini öncelikli olarak iki faktör etkiler: (European Standard, 2005).

- Ana malzemenin yüzeyinden ve ergiyik kaynak metalinden ışın enerjisinin yansıması
- Buharlaşan elementlerin buharının ve/veya plazma bulutunun oluşması

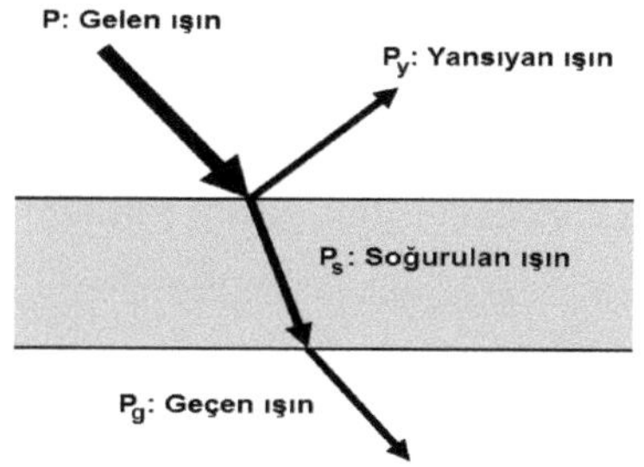

Şekil 5.2. Laser ışınının malzeme ile etkileşimi.

Şekil 5.2' de şematik olarak görülen laser ışınının malzeme ile etkileşiminde, enerjinin korunumu yasasına göre gelen ışınının gücü:

$$P = P_y + P_s + P_g$$

5.2. Malzeme Özelliklerinin Etkisi

5.2.1. Soğurma (absorbsiyon)

Malzemelerin üzerine gelen ışınların malzeme tarafından tutulması ve ısıya dönüştürülmesine soğurma denir. Metallerde ışın enerjisi serbest elektronlar tarafından soğurulur. Malzemelerin soğurma derecesi malzemelerin işlenmesinde önemli rol oynamaktadır. Soğurma derecesinin yüksek olması malzeme içerisinde daha çok enerji tutulması anlamına gelmektedir. Malzemeler için soğurma katsayısı;

$$A = 1 - R$$

A = Soğurma (absorbsiyon) katsayısı

R = Yansıtıcılık katsayısı

Laser ışınlarının dalga boyları arasındaki farklar önemlidir. Daha kısa dalga boylarında soğurma katsayısı, uzun dalga boylarındakinden daha yüksektir. Örneğin, 1.06 μm dalga boyu için çeliğin soğurma katsayısı, 10.6 μm dalga boyu için olan değerden 7 kat daha büyüktür (Ready, 1997).

Laser ışınlarının malzeme tarafından soğurulması, dalga boyuna, sıcaklığa, güç yoğunluğuna, ışın geliş açısına ve polarizasyon düzlemine bağlıdır. Malzemenin kaynama noktasında soğurulma artar. 10^6 W/cm^2 güç yoğunlukları aşıldığında soğurma derecesi 1' e yakındır ve metalden bağımsızdır (Ohse, 1998).

Laser ışınları malzemelerin yüzeyinden yansıtılır. Yansıyan enerjinin oranı, yüzey pürüzlülüğü ve yüzey sıcaklığı gibi yüzey şartlarına (mikroskobik seviyede) bağlıdır. Parlatılmış ve oda sıcaklığındaki malzemeler için 1 μm üzerinde dalga boyunda laser işleminde yansıma oranı % 90' a yakın bir oranda çok yüksek olmaktadır. Daha az yansıtıcı malzemeler ve daha kısa dalga boyunda laser işleminde yansıma oranı % 50' nin altında bir oranda gerçekleşmektedir. Bununla birlikte, eğer ışın enerjisi anahtar deliği oluşturmak için yeterince güçlüyse, yansıma daha az önemli olur. Yüksek güçlü ve yüksek ışın kaliteli laserlerin kullanımında malzemenin yansıtıcılığı çok daha az önemli olmaktadır (European Standard, 2005).

Laser ışınları malzeme yüzeyine odaklanarak her türlü işlem yapılması mümkün olabilmektedir. Burada işlem yapılmak istenen malzemelerin, kullanılan belirli dalga boyundaki laser ışınını soğurma kabiliyeti önemli bir faktördür. Paslanmaz çelik Nd:YAG laser ışınının % 25' ini soğurmasına karşın, CO_2 laser ışınının % 5' ini soğurmaktadır (Migliore, 1998). CO_2 laserinin dalga boyu 10.6 mikron olan ışını aluminyum gibi demir dışı metaller tarafından soğurulması çok düşük iken Nd:YAG laserinin dalga boyu 1.06 mikron olan ışını demir dışı metaller tarafından daha kolay soğurulmaktadır. Şekil 5.3' de dalga boyuna göre malzemelerin soğurma (absorbsiyon) değerleri görülmektedir. Dolayısıyla Nd:YAG laseriyle kaynak işlemi yapmak CO_2 laserine kıyasla daha kolaydır. Demir dışı metaller için yüksek güçlü bir CO_2 laserini kullanmak yerine (örneğin 10 kW) görece daha düşük güçlü bir Nd:YAG laseri (örneğin 4 kW) yeterli olabilmektedir.

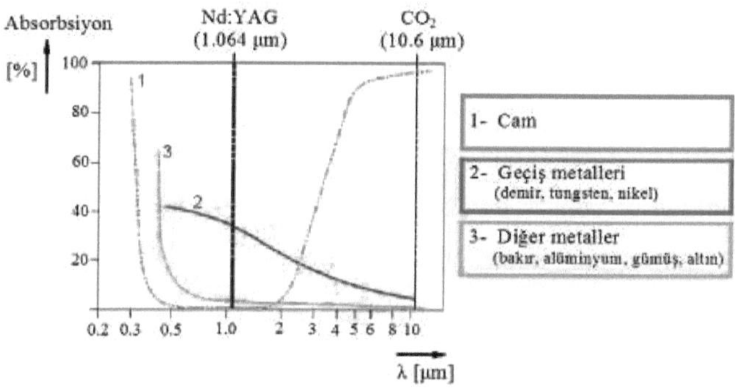

Şekil 5.3. Dalga boyuna göre malzemelerin soğurma (absorbsiyon) değerleri (Roboat, 2011).

5.2.2. Termal difüzyon

Isı kapasitesi, yoğunluk ve ısıl iletkenlik dikkate alındığında, ergiyik havuzu oluşurken verimli bir şekilde kullanılan enerji yerine ısıl iletim boyunca ne kadar enerji kaybı olacağını belirlemek en önemli parametredir. Bu parametre bu üç özelliğin hepsiyle belirlenen termal difüzyon olarak tanımlanır (Ready, 2002). Laser ışınlarının malzeme içine olan nüfuziyeti, malzemelerin termal özelliklerinden büyük ölçüde etkilenmektedir. Şekil 5.4' de farklı termal difüzyon katsayısına sahip malzemelerin alın ve bindirme kaynak durumunda kaynak kesitlerinin görünüşleri gösterilmiştir.

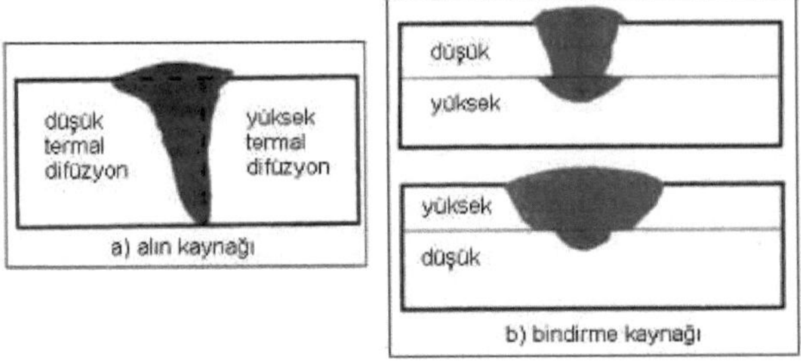

Şekil 5.4. Farklı termal difüzyon katsayısına sahip iki malzemenin tipik kaynak kesitlerinin şematik gösterimi (Ready, 2002).

Termal difüzyon katsayısının düşük olması, ısının malzeme içine iyi nüfuz etmediği anlamına gelir. Ama bu katsayının yüksek değerleri, ısının yüzeyden hızlıca uzaklaşmasına izin vererek problemlere de sebep olabilir. Bu da ergime miktarını azaltabilir. Bu etkileri telafi etmek için, farklı metallerin optimum kaynağı için laser parametreleri değiştirilebilir. Örneğin darbeli laser ile bakırın kaynak edilmesinde yüksek termal difüzyon nedeniyle ortaya çıkan kayıpların üstesinden gelebilmek için kısa darbe uzunluğu ve yüksek güç kullanılmalıdır. Paslanmaz çeliğin kaynağında iyi nüfuziyet elde etmek için uzun darbe süresi ve düşük güç kullanılması gerekir (Ready, 1997).

5.2.3. Isıl genleşme katsayısı

Farklı metallerin kaynağında iki metalin ısıl genleşme katsayıları önemli bir faktördür. Eğer ısıl genleşme katsayıları arasındaki fark çok büyükse, kaynaklı parçanın sıcaklık değişimi süresince intermetalik bölgede iç gerilmeler meydana gelecektir. İntermetalik bölge aşırı derecede kırılgan ise bu bölgede hasarlar ortaya çıkabilir (Mackwood and Crafer, 2005; Key to Metals, 2011).

Soğuma süresince bitişik metallerin ısıl genleşme katsayılarındaki büyük farklar, bir metalde çekiye diğer metalde ise basıya sebep olur. Çekiye maruz metalde kaynak süresince sıcak çatlak oluşabilir ya da gerilmeler termal ya da mekanik olarak hafifletilmezse servis ömrü içinde soğuk çatlaklar oluşabilir. Bu faktör, özellikle yüksek sıcaklıklarda çalışacak olan bağlantılarda önemlidir. (Sanders, 2002).

5.2.4. Isıl iletkenlik

Metal alaşımları yüksek ısıl iletkenliğe sahiptirler. Özellikler bakır, gümüş ve aluminyum alaşımlarının çok yüksek ısıl iletkenlik değerleri vardır. Laser ışınının soğurulmasını etkilediği için, özellikle iki metalin ısıl iletkenliği arasındaki fark yüksek olduğu zaman (örneğin aluminyum ve çelik), farklı metalleri birleştirmek zordur.

Aluminyum alaşımlarının sahip olduğu yüksek ısıl iletkenlik onların kaynak işleminde sorun yaratmaktadır. Yüksek ısıl iletkenlik durumunda ısı metal boyunca çabucak yayılır. Bu durum, ısıl iletkenliği daha yüksek olan metallerde çok daha hızlı meydana gelen katılaşma çatlağı oluşumu ve ergitmeyle ilgili zorluklara sebep olur. (Messler et al., 2003). Yüksek ısıl iletkenlik ve yansıtıcılık, aluminyum alaşımlarının laser ışın kaynağında ergimeyi ve anahtar deliği oluşumunu başlatmak için ihtiyaç duyulan güç yoğunluğu eşik değerini artırmaktadır (Leong et al., 1999).

5.3. Laser Uygulama Alanları

Laser ile malzeme işlemenin en önemli özelliği, iş parçası yüzeyinde seçilen bölgeye çok yüksek güç değerlerinde enerji aktarılabilmesidir. Bu özellik sayesinde küçük bir bölgede hızlı ısınma gerçekleştirilebilir. Bu yüzden laser makinaları, birçok endüstri dalında geniş uygulama alanı bulmuştur. Günümüzde laserlerin kullanılmadığı alan hemen hemen yok gibidir; Savunma sanayi, uçak sanayi, gemi sanayi, tıp, otomotiv sanayi vb. Laser teknolojisi, yeniliklere açık bir proses olup her geçen gün geleneksel yöntemlerden birinin yerini almakta ve/veya yeni bir tekniği kullanıma açmaktadır. Şekil 5.5' de laserin genel uygulama alanları görülmektedir.

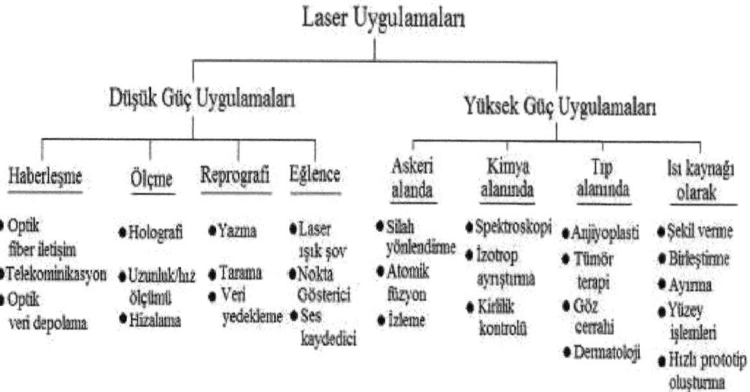

Şekil 5.5. Laserin genel uygulamaları (Majumdar and Mana, 2003).

İmalat sanayinde kullanılan laser proseslerini 3 gruba ayırabiliriz; ayırma, birleştirme, yüzey işlemleri.

5.3.1. Ayırma

5.3.1.1. Kesme

Laser kesim işlemi nispeten yeni bir teknoloji olmasına rağmen endüstriyel uygulamalarda sıklıkla kullanılan bir tekniktir. Laserle kesme işleminin geleneksel kesme yöntemlerine göre birçok avantajları vardır.

- Laser kesim yöntemiyle hemen hemen her türlü şekil oluşturulabilmektedir.
- Bir laser kesim işlemiyle 0.5-30 mm gibi geniş bir kalınlık aralığında kesim yapılabilir.
- İş parçasına herhangi bir temas olmadan kesim yapılmaktadır.
- Yüksek hassasiyetli ve çok hızlı kesim yapılmaktadır.
- Malzemede meydana gelen çarpılma minimum seviyede olacak şekilde kesim yapılır.
- Laser kesim parametreleri optimum şekilde ayarlanırsa, kenarları çapaksız ve minimum pürüzlülükle çoğu mekanik kesicilerden daha yüksek kaliteli kesimler yapılmaktadır.

- Laserle kesilen metal parçaların kenarları son işlemler ile düzeltmeye ya da parlatmaya nadiren ihtiyaç duyarlar (Hitz et al., 2001). Şekil 5.6' da bir laser kesim örneği görülmektedir.
- Klasik kesme yöntemlerine kıyasla daha küçük kesme payı vardır ve daha dar ısıdan etkilenmiş bölge (IEB) meydana getirir.

Şekil 5.6. Bir laser kesim uygulama örneği (Buchfink, 2006).

Metallerin laser kesimi metal olmayan malzemelerin kesiminden daha yüksek ortalama güç gerektirir. Metal yüzeylerin yüksek yansıtıcılıkları ve yüksek iletkenlikleri bu ihtiyaca yol açmaktadır. Yüksek güç gereksiniminden dolayı çoğu metal kesme uygulamaları CO_2 laserlerle gerçekleştirilmektedir. Fakat multikilovat Nd:YAG laserlerin gelişmesiyle bu laserler de kesme uygulamalarında kullanılmaya başlanmıştır. Kesme uygulamalarında genellikle kesme hızını artırmak için oksijen uygulanan bir gaz jetinin kullanımı gerekmektedir. Bu oksijen destekli kesim, laser buharlaştırma kabiliyetini büyük ölçüde geliştirmektedir. Laser kesme işleminde tipik olarak, laser ışınıyla eş eksenli (coaxial) bir oksijen nozulu kullanılır. CO_2 laser kesme işleminde laser ışını, uygun bir lens (germanyum ya da çinko selenür) yardımıyla nozul boyunca iş parçası üstüne odaklanır. Genellikle 0.13-0.25 cm çapında 15-30 psi basınçta oksijen verilen konik bir nozul vardır (Ready, 1997). Şekil 5.7' de laser kesme işleminde kullanılan laser kafası şematik olarak gösterilmektedir.

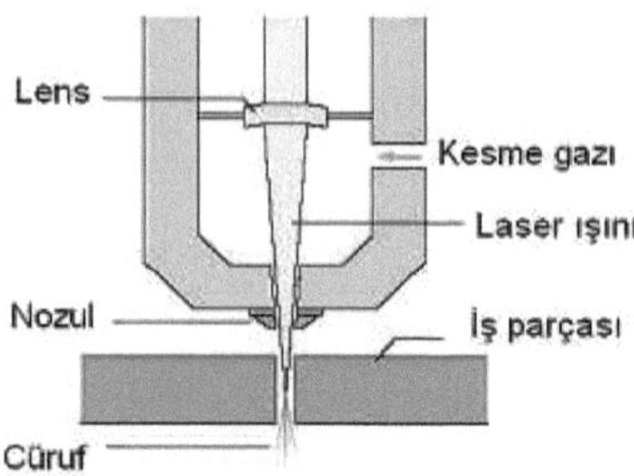

Şekil 5.7. Laser kesme işleminde kullanılan laser kafasının şematik gösterimi (Buchfink, 2006).

5.3.1.2. Delme

Laser ile delik delme, malzeme işlemlerindeki en önemli uygulamalardan biridir. Metallerde delik delme, optik uygulamalar için çok küçük delikler, uçakların türbin kanatlarında soğutma delikleri, elektron ışın cihazları için açıklıklar, nozullar ve kontrollü kaçaklar için çok küçük deliklerin üretimi gibi çeşitli alanlarda kullanışlıdır (Ready, 1997). Özellikle tungsten, sert çelikler, seramik gibi oldukça sert malzemelerin işlenmesinde geleneksel yöntemlere göre üstünlük sağlarlar. Örneğin, gaz türbinli motor bileşenleri ve nozul kılavuz kanatçıkları gibi değişik boyutlara sahip bileşenler üzerinde 8 mm' ye kadar varan uzunluklarda ve 10/1'lik bir derinlik/çap oranına sahip delikler Nd:YAG laser ile elektriksel deşarjla işlemeden % 20-30 daha düşük maliyetlerle üretilebilmektedir (Dalkılıç ve Tanatmış, 2003).

Laser ışını ile delme işleminde, laser ışını tarafından malzemede oluşan ısı malzeme içine nüfuz eder. Eriyik hale gelen katı metal çok hızlı bir şekilde buhar haline geçer. Laser ile delme işlemi için 10^6-10^8 W/cm^2' lik güç yoğunluklarına ulaşmak gereklidir. Delme işlemleri için yaygın şekilde kullanılan laser tipleri katı laserler grubunda Nd:YAG laserlerdir. Çünkü, Nd:YAG laserler sahip oldukları kısa dalga boyundan dolayı küçük delik delme işlemine uygundurlar.

Laser delme, birçok pratik delik delme operasyonları için (özellikle tam olarak düz olması gerekmeyen delik kenarlarında) bu işlemi kullanışlı yapan çok sayıda avantaj sunmaktadır (Ready, 1997). Bu avantajlar şunlardır:

- Delikler, düşük maliyetli olarak yüksek verimlilikle delinebilir.
- Delme işlemi otomatik olarak gerçekleşirilebilir. Bu da düşük maliyete katkıda bulunur.
- Takım aşınması yoktur. Böylece mekanik delmeyle ilişkili ana maliyetlerden biri ortadan kalkmış olur.
- Diğer yollarla delinmesi zor olan seramikler gibi sert ve kırılgan malzemeler delinebilir. Delme işleminde çatlama problemini azaltır.
- İş parçasıyla herhangi bir malzemenin teması yoktur dolayısıyla herhangi bir kirlenme olmaz.
- Delik çevresinde ısı etkisindeki bölge çok küçüktür.
- İnce malzemelerde diğer tekniklerle elde edilebilenden çok daha küçük delikler açılabilir.

5.3.2. Birleştirme

5.3.2.1. Kaynak

Laser ışınıyla kaynak işleminde iki temel yöntem vardır. Birincisi "Isı İletim Kaynağı" ikincisi "Derin Nüfuziyet Kaynağı" dır (Şekil 5.8). Laser ısı iletim kaynağı, derin nüfuziyet kaynağına göre nispeten düşük güçlerde yapılır. Derin nüfuziyet kaynağında malzemede plazma oluşumu meydana gelirken ısı iletim kaynağında malzemenin sadece ergimesi söz konusudur.

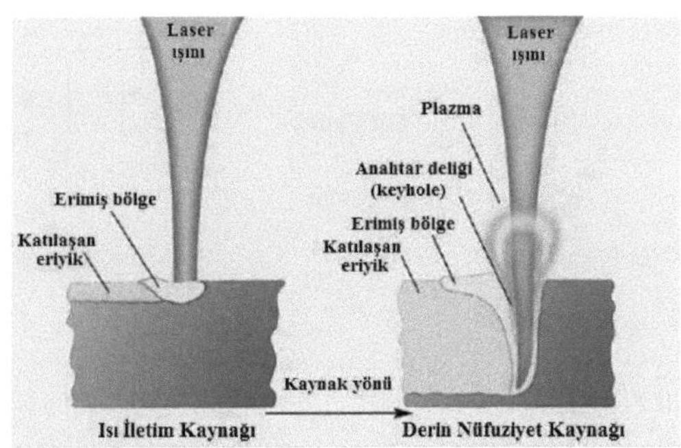

Şekil 5.8. Laser ışınıyla kaynak işlemleri (Bitzel et al., 1996).

Laser ışınıyla kaynak, ilk yatırım maliyetlerinin ve bakım giderlerinin yüksek olmasından dolayı endüstride çok sık kullanılmamakla birlikte, teknolojik gelişmeler ışığında yaygınlaşması oldukça hızlı ilerleyen bir yöntemdir. Laser kaynak yöntemi, laser ışınının sahip olduğu yüksek güç yoğunluğundan dolayı hızlı kaynak yapma kabiliyeti sayesinde birim alanda daha düşük ısı girdisi, yüksek kaynak nüfuziyeti ve kaynaklı malzemede daha az çarpılma gibi avantajlar sağlar.

Laser kaynak işleminde laser ışını, kaynak yapılacak malzemeye odaklanır ve dolgu maddesi kullanarak ya da kullanmadan (otojen kaynak) tamamlanabilir. Kaynak sırasında işlem verimliliğini, kaynak kalitesini ve kaynak banyosunu korumak için diğer ergitme kaynak yöntemlerinde olduğu gibi koruyucu gaz kullanılır. Laser ışın kaynağında, geleneksel kaynak yöntemlerine kıyasla çok yüksek güç yoğunlukları elde edilebilir ve sadece elektron ışın kaynak yöntemiyle kıyaslanabilir. Fakat laser ışın kaynağında elektron ışın kaynağındaki gibi vakum ortamı zorunluluğu yoktur. Laser ışın kaynağı su altında da yapılabilir.

Laser kaynağında ışının yüzeye verdiği ısı enerjisi, ısıl iletimle malzeme içine nüfuz eder (Şekil 5.9a). Yüzey, ergime sıcaklığına ulaştığı zaman Şekil 5.9b' de gösterildiği gibi sıvı bir ara yüzey malzeme içine yayılır. Devam eden süreçte malzeme buharlaşmaya başlar ve bir delik oluşur (Şekil 5.9c) Güç yoğunluğu yeterince yüksek ise malzeme yüzeyinde plazma oluşumu başlar. Plazma, laser ışın yolu boyunca geriye doğru büyür. Plazma, Şekil 5.9d' de gösterildiği gibi ışığı soğurur (Ready, 1997).

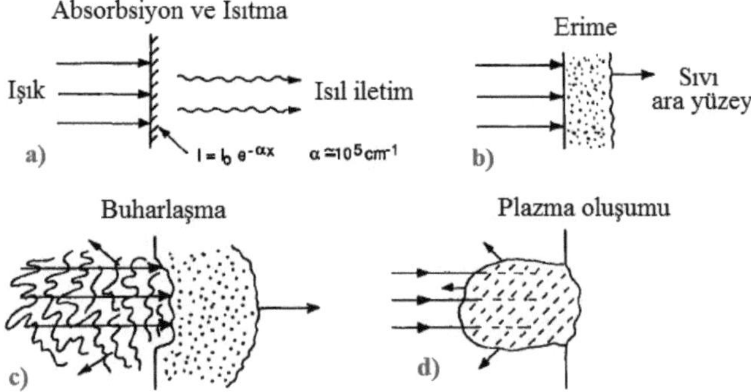

Şekil 5.9. Yüksek güçlü laser ışınının malzeme yüzeyinde meydana getirdiği oluşumlar (Ready, 1997).

5.3.2.2. Lehim

Lehim, metal birleştirme yöntemleri arasında endüstriyel olarak kullanılan yaygın bir yöntemdir. Lehim, farklı ısıtma teknikleri kullanılarak gerçekleştirilir. Farklı malzemeler, farklı işlemler gerektirir. Yaygın olarak kullanılan lehim işlemlerinden bazıları şunlardır; alevle lehimleme, laser lehimleme, vakum lehimleme, indiksiyon lehimleme, rezistans lehimleme, difüzyon lehimleme (Sözer, 2010).

Laser lehim yöntemiyle metalleri birleştirme oldukça yeni sayılabilecek bir lehim yöntemidir. Laser lehimleme, geleneksel yöntemlerle lehimlenmesi zor olan malzemelerin birleştirilmesine olanak sağlamaktadır. Diğer lehimleme yöntemleriyle karşılaştırıldığında laser lehimleme çalışma sıcaklığını düşürmektedir. Gerçekleştirilen bağlantılar oldukça güçlüdür ve düzgün bir yüzeye sahiptir. Son yıllarda laser lehimleme otomobil, makine imalatı, beyaz eşya gibi endüstrilerde güvenilir bir bağlantı teknolojisi olarak kabul görmüştür (Kottcamp et al., 1993).

5.3.3. Yüzey işlemleri

5.3.3.1. Sertleştirme

Laser yüzey işlemlerinin en yaygın metodu iş parçasının yüzey sertliğini artırmak için yapılan ısıl işlemdir. Laser yüzey sertleştirme birçok uygulamada (örneğin türbin kanatlarının sertleştirilmesi) güvenle kullanılmaktadır (Ready, 1997). Yüzey sertleştirme için yüksek güçlü laserler kullanılmaktadır. Bunun için en çok kullanılan CO_2 laser makinalarıdır. Yüksek güçlü Nd:YAG laserlerin yaygınlaşmasıyla bu işlem için bu tür laserler de kullanılmaya başlanmıştır. Günümüzde henüz çok yaygın olmamakla birlikte fiber laserler, diğer imalat yöntemlerinde olduğu gibi bu iş için de en büyük adaylardan biridir.

Laser yüzey sertleştirmede, yüzeyi sertleştirilecek olan malzeme üzerine odaklanan laser ışını sayesinde malzeme tarafından soğurulan enerji, malzeme yüzeyine çok yakın ince bir tabakanın çok hızlı bir şekilde ısıtılmasını sağlar. Malzeme içine iletilen ısıdan daha fazla güç yoğunluğu kullanıldığında bu ince yüzey tabakasının sıcaklığı çok hızlı bir şekilde artar. Malzemenin yüzeyi östenit oluşum sıcaklığına ulaşır. Laser kafasının hareketi sayesinde de, sıcaklığı artmış olan bu bölgede ısı enerjisinin iç kısımlara doğru iletimi dolayısıyla çok hızlı bir şekilde soğuyarak malzemenin sertleştirilmesi sağlanır. Laser işlem parametrelerinin ayarlanmasıyla istenilen sertlik değerleri elde edilebilmektedir.

5.3.3.2. Markalama

Markalama, ürünlerin değişik amaçlar doğrultusunda kimliklendirilmesi için uygulanan bir yöntemdir. Bu bağlamda laser markalama yöntemi ürün kimliklendirme gereksinimlerini yerine getirebilir. Laser markalama, ürünlerin geleneksel yollarla markalanmasına alternatif çok yönlü esnek bir yöntemdir. Konvensiyonel markalama teknikleri; baskı, damgalama, mekanik oyma, yakma ve kumlama gibi teknikleri içerir. Laser markalama diğer yöntemlere kıyasla birçok avantajlar sunmaktadır. Hemen hemen her türlü malzeme kalıcı olarak yüksek kaliteli bir şekilde markalanabilir. Laser markalama temassız bir işlemdir. Bu sayede çarpılma en aza indirgenir ve herhangi bir atık olmaz. Laser markalama yöntemi diğer tekniklerden daha pahalı olmasına rağmen sunmuş olduğu avantajlar sayesinde markalama işleminde laserin endüstriyel uygulamaları yaygınlaşmıştır ve giderek kullanımı artmaktadır (Ready, 1997).

CO_2 laserleri markalama için sıklıkla kullanılmalarına rağmen, ekzaymer laser teknolojisinin gelişmesi bu laserleri iyi bir rakip yapmıştır. Çoğu malzemenin soğurması, ekzaymer laser dalga boylarında (morötesi) çok yüksek olabilir. Kısa dalga boyları, uzun laser dalga boyunun (CO_2) kullanımından daha iyi desenler oluşturulmasına izin verir (Ready, 1997).

Laser markalama yöntemlerinde metal malzemeler için uygulanan teknikler şunlardır; derin kazıma, ısıyla renk verme ve kaplama kaldırma (Şekil 5.10).

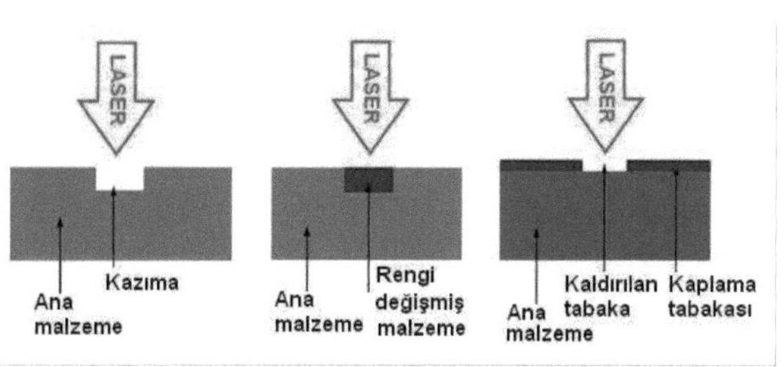

Şekil 5.10. Laser markalama teknikleri (Otes, 2011).

5.3.3.3. Alaşımlama

Laser alaşımlama, işlenecek malzeme yüzeyi üzerine alaşım elementlerini içeren bir tozun yayılması ve sonrasında laser ışınının malzeme yüzeyi üzerinde gezdirilmesiyle gerçekleştirilir. Laser ışınının ısıl etkisiyle toz ve ince bir yüzey tabakası birlikte erir ve birbirine karışır. Laser ışının geçişinden sonra, yüzey hızlıca katılaşır. Orijinal malzemeninkinden daha büyük sertliğe sahip alaşım elementlerini içeren ince bir tabaka kalır (Ready, 1997). Laser alaşımlama işlemi farklı gazların kullanılmasıyla da yapılabilmektedir. Ergiyik fazda bulunan malzemeye N_2, O_2 ve CH_4 gibi gazların alaşım elemanı olarak nüfuz ettirilmesiyle meydana gelen tepkimeler sonucunda malzemenin alaşımlanması sağlanmış olur (Karaaslan, 2009).

5.3.3.4. Kaplama

Malzeme kaplama için geleneksel teknikler olan alev püskürtme, plazma püskürtme ve TIG kaynağı kullanılmaktadır. Bu tekniklerde gözeneklilik, düzensiz kaplama kalınlığı, yüksek ısı girdisinden dolayı kaplama alaşımının seyrelmesi ve iş parçasının çarpılması gibi problemlerle karşılaşılmaktadır. Laser kaplama ile bu tür problemler azalmaktadır ve kaplama alaşımı seyrelmesinin azaltılması, kaplama boyutunun iyi kontrolü ile düzgün kaplama tabakaları üretilebilmektedir (Ready, 1997).

Laser kaplama, sertleştirilecek yüzeye bir kaplama malzemesinin yapıştırılmasıyla gerçekleştirilmektedir. İşlemde kullanılacak kaplama malzemesi önceden yüzeye yerleştirilmiş olabilir ya da laser ışınıyla eş güdümlü olarak sürekli beslemeli şekilde yüzeye iletilebilir. Laser ışını uygulandığı yüzeyde ince bir tabakayı ve kaplama malzemesini eritir. Bu sayede kaplama malzemesi yüzeye metalurjik olarak yapıştırılır.

Laser kaplama, genellikle parçanın aşınmaya ve korozyona karşı direncini artıracak daha pahalı bir alaşım ile nispeten ucuz bir malzemenin kaplanması işlemidir. Bu şekilde daha pahalı kaplama malzemesiyle istenen özelliklere sahip bir yüzey elde edilirken, parçanın çoğunluğunun daha ucuz malzemeden yapılmasına olanak sağlanır. Laser kaplama ile düşük poroziteli, homojen ve kaliteli bir yüzey elde edilir. Kaplama için yaygın olarak kullanılan malzemeler, kobalt esaslı alaşımlar, nikel esaslı alaşımlar, demir esaslı alaşımlar ve karbürleri içermektedir (Ready, 1997).

6. LASER KAYNAĞI

Laser kaynağı, hızlı, esnek ve otomasyona uygun bir üretim sunar. Laser kaynak yöntemi imalat sanayinde pek çok yeniliğe kapı açmaktadır. Örneğin, uzaktan kaynak, bindirme kaynağı, farklı malzemelerin birleştirilmesi gibi teknikler. Yeni ürünler ve imalat yöntemleri için daha önceleri gerçekleştirilemeyen, yapılamaz olarak görülen birçok imkanlar sunmaktadır (Lorraine, 2006).

Laser kaynağı çok yönlü bir prosestir. Ark kaynak yöntemlerine kıyasla, laser kaynağı ergime bölgesindeki metalurjik problemleri en aza indirgenmesini sağlayan, düşük ısı girdisi ve son derece hızlı soğuma oranları sunmaktadır. Laser ile metal ya da metal olmayan malzemeler yüksek hızda seri olarak birleştirilebilir. Laser ile havada, vakum ortamında, kontrol edilen atmosfer ortamında ve basınçlı ortamlarda kaynak yapılabilir. Laser makinaları, otomasyona çok uygun ve yüksek güvenilirliğe sahip makinalardır (Migliore, 1998; Batahgy and Kutsuna, 2009).

Laser ışınıyla, çok düşük (mW) güç mertebelerinden son derece yüksek güç mertebelerinde (1-100 kW aralığında) ve çok kısa etkileşim zamanlarında (10^{-3}-10^{-15} s) güçler iletilebilmektedir (Majumdar and Mana, 2003). Günümüzde odaklanmış laser ışınının sahip olduğu güç yoğunluğu, elektron ışını haricinde hiçbir enerji kaynağıyla elde edilememektedir. Odaklanan laser ışınından çıkan enerji malzeme içinde soğurulunca elde edilen yüksek güç yoğunluklarında malzemeleri birleştirmek için gerekli olan ergitme ve buharlaştırma olayları gerçekleştirilebilir. Şekil 6.1' de farklı kaynak yöntemlerinde güç yoğunlukları ve ergime bölgesi profilinin şematik gösterimi sunulmaktadır. Laser kaynağının yüksek güç yoğunluğu, yüksek kaynak hızlarına imkan vermektedir. Ayrıca, dar-derin nüfuziyetli kaynak dikişi ve çok dar ısıdan etkilenmiş bölge (IEB) oluşturmaktadır.

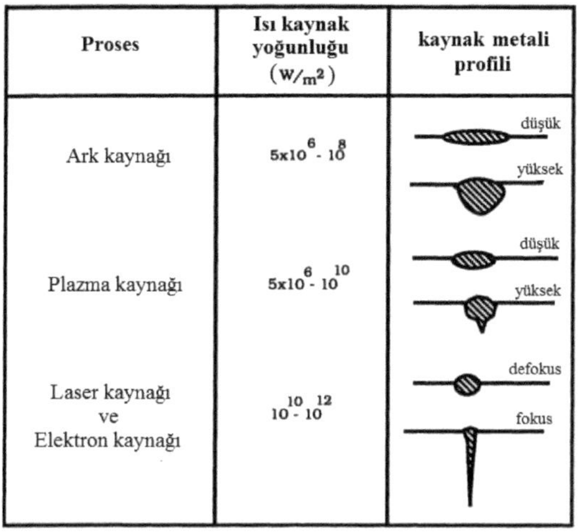

Proses	Isı kaynak yoğunluğu (W/m^2)	kaynak metali profili
Ark kaynağı	$5x10^6 - 10^8$	düşük yüksek
Plazma kaynağı	$5x10^6 - 10^{10}$	düşük yüksek
Laser kaynağı ve Elektron kaynağı	$10^{10} - 10^{12}$	defokus fokus

Şekil 6.1. Farklı kaynak proseslerinde güç yoğunlukları ve kaynak metali profillerinin gösterimi (Steen, 1991).

Laser kaynak yöntemi birçok parametre içermektedir; laser gücü, kaynak hızı, odak mesafesi, ışın etki açısı ve koruma gazı tipi gibi. Bu değişkenlerin her birinin kaynak havuzunda sıvı akışı ve ısı akışına oldukça etkisi vardır. Bu yüzden bu parametreler, nüfuziyet derinliği, ısıdan etkilenmiş bölge ve ergime bölgesinin her ikisininde katılaşma yapıları ve kaynak metali şeklini önemli derecede etkiler. Ergime bölgesinin mikroyapısı ve kaynak metali şeklinin ikiside bağlantı özelliklerini belirler. Yüksek güç yoğunluklu ve düşük ısı girdili proses olarak laser ışın kaynağında, küçük bir ısıdan etkilenmiş bölge (IEB) meydana gelir ki bu bölge çok az çarpılmayla çok hızlı bir şekilde soğur ve ergime bölgesi yüksek derinlik-genişlik oranına sahiptir (Khan et al., 2010).

Başarılı bir laser kaynak uygulaması elde etmek için aşağıdaki noktaların gözönünde bulundurulması önemlidir (Ready, 1997).

- Laser yetenekleriyle uyumlu görevlerin seçimi,
- Lasere uygunluğunu belirlemek için ekonomik analiz yapılması,
- Laser tipinin doğru seçilmesi,
- Optimize edilmiş işlem parametrelerinin (puls süresi, güç yoğunluğu, vb.) belirlenmesi,

- İş parçası için sıkıştırma düzeneğinin tasarlanması,
- Önceden belirlenmiş bir desen için iş parçası üzerinde ışının hareketi ya da iş parçasının hareketi için sistem geliştirilmesi,
- Laserin iş parçasına olan etkisinin gerçek zamanlı olarak ölçülmesi,
- Uygun güvenlik önlemlerinin geliştirilmesi.

6.1. Laser kaynak türleri

Laser kaynağı, işlem görecek parça (ince ya da kalın malzemeler) ya da parçalara uygulanan güç yoğunluğunun değişimine göre ikiye ayrılmaktadır. Laser kaynağı, düşük güç yoğunluklarında "ısı iletim kaynağı", yüksek güç yoğunluklarında "derin nüfuziyet kaynağı" olarak adlandırılır.

6.1.1. Derin nüfuziyet kaynağı

1970' lerde yüksek güçlü sürekli laserlerin gelişmesiyle derin nüfuziyet kaynağı yapmak mümkün olmuştur (Ready, 1997). Derin nüfuziyet kaynağı için 10^6 W/cm^2 ve daha fazla yüksek güç yoğunluklarına gereksinim vardır. Derin nüfuziyet kaynağında kaynak dikişi derin ve dardır (Trumpf, 2007a). Kaynak derinliği, kaynak genişliğinden 10 kat daha fazla olabilir. Şekil 6.2' de derin nüfuziyet kaynağında oluşan kaynak havuzu şematik olarak görülmektedir.

Laser ışın kaynağı ağırlıklı olarak ingilizce "keyhole" türkçe "anahtar deliği" denilen derin nüfuziyet kaynak modunda gerçekleştirilir. Derin nüfuziyet kaynağında, etkileşim noktasında malzemeyi buharlaştırabilmek için yüksek güç yoğunluklu ışına ihtiyaç duyulur. Gelen ışın, oluşan buhar basıncıyla yaklaşık silindirik şekilli, derin bir boşluk yaratır. Boşluğun duvarları erimiş malzemeyle çevirilidir. Proses, kontrollu bir şekilde olduğu zaman, bu boşluk bağlantı boyunca ışınla birlikte ilerler. Isı ve malzeme ilerlemesi esasen iki boyutludur. Malzeme, boşluğun önünde erir ve arka tarafa doğru hareket eder ve katılaşarak kaynak metalini oluşturur (European Standard, 2005). Şekil 6.3' de derin nüfuziyet kanalındaki buhar kanalı ve çevresindeki oluşumları şematik olarak gösterilmiştir.

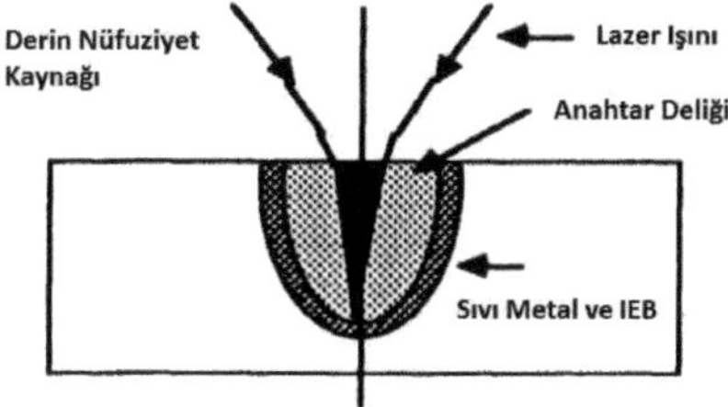

Şekil 6.2. Derin nüfuziyet kaynağının şematik gösterimi (Steen, 1991).

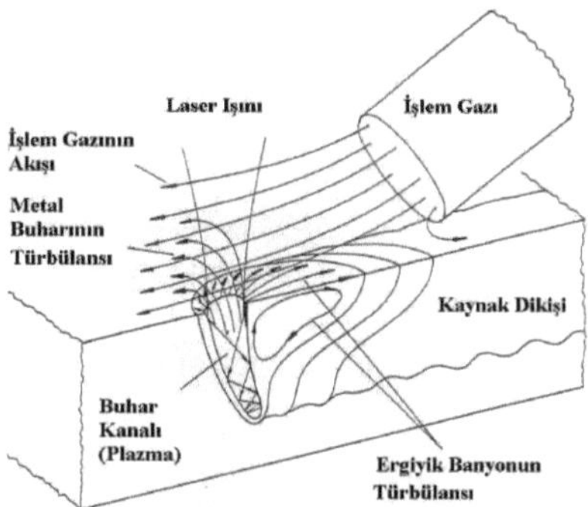

Şekil 6.3. Derin nüfuziyet kaynağında buhar kanalı ve çevresindeki oluşumların şematik gösterimi (Karaaslan, 2009).

6.1.2. Isı iletim kaynağı

Isı iletim kaynağı nispeten düşük ($I<10^6$ W/cm^2) güç yoğunluğunda meydana gelir. Laser enerjisi, iş parçası yüzeyinde "Fresnel Absorbsiyonu" ile soğurulur. Soğurma (absorbsiyon) katsayısı A ile gösterilir. Malzemede soğurulan laser enerjisi, metal iş parçası yüzeyinde ince bir tabakada (~ 40 nm) soğurulur. Soğurulan laser enerjisi ısı iletimi yoluyla malzeme içine doğru iletilir. Bu yüzden bu yönteme "Isı İletim Kaynağı" denir. Isı iletim kaynağında kaynak geometrisi sığ ve geniştir ve düşük kaynak hızlarında ($v < 40$ mm/s) gerçekleştirilir (Postma, 2003).

Laser ısı iletim kaynağı, nüfuziyetin sınırlı olduğu görece yavaş bir prosestir. İnce malzemelerin kaynağı için geniş ölçüde kullanılmakta olan bu kaynak yöntemi, metalurjik yöntemler olan giydirme, alaşımlama ve bölgesel ergitme gibi yüzey işlemlerinde de yaygın olarak kullanılmaktadır (Karaaslan, 2009).

Geleneksel ark kaynak proseslerine benzer şekilde yarım küresel bir kaynak dikişi ve ısıdan etkilenmiş bölge (IEB) oluşur. Bu yüzden ısı iletim kaynağı, derin nüfuziyet kaynağına kıyasla düşük derinlik-genişlik oranı sergilemektedir (Ion, 2005). Şekil 6.4' de ısı iletim kaynağında kaynak havuzunun şematik bir görünüşü gösterilmiştir.

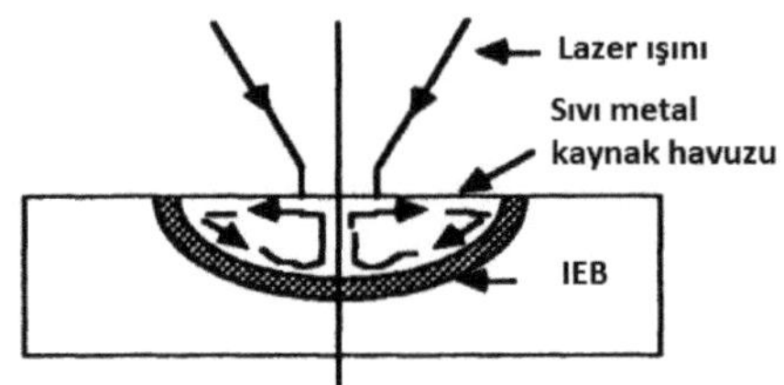

Şekil 6.4. Isı iletim kaynağının şematik gösterimi (Steen, 1991).

6.2. Laser Kaynağının Avantajları ve Dezavantajları

Malzemelerin işlenmesinde laserlerin kullanımı 1990' ların başından beri önemli ölçüde artmıştır (Buchfink, 2006). Laser teknolojisi diğer kaynak yöntemlerine göre sahip olduğu birçok avantajları yönünden ilgi çekmektedir ve gün geçtikçe daha fazla alanda kullanım imkanı bulmaktadır. Laser kaynak yönteminin sahip olduğu avantajlar;

- Laser kaynak bağlantısı çok küçük bir bölgede gerçekleşmektedir. Geleneksel kaynaklı bağlantılara kıyasla çok küçük boyutlara sahiptir; MIG kaynak bağlantısına göre yaklaşık 1/5 oranındadır (Stefano and Volpone, 2005). Şekil 6.5' de laser kaynak dikişinin diğer kaynak dikişleriyle bir kıyaslaması görülmektedir.
- Kaynak süresince toplam ısı girdisi diğer kaynak yöntemlerine göre oldukça düşüktür. Bu yüzden mekanik özelliklerdeki kayıplar düşük olmaktadır. Isı girdisi bakımından diğer kaynak yöntemleriyle karşılaştırılması Çizelge 6.1' de gösterilmiştir.

- Kaynaklanacak olan levhalarda büzülme, distorsiyon ve artık gerilmeler çok düşük olmaktadır.
- Laser kaynak yöntemi otomasyona ve robotik uygulamalara çok uygundur.
- Laser ışınının çok küçük bir alana odaklanabilmesi sayesinde küçük malzemelerin kaynağı mümkün olmaktadır. Bu durum özellikle elektronik sanayi için önem arz etmektedir.
- Laser kaynak yönteminde yüksek genişlik/derinlik oranına (yaklaşık 1/10) sahip kaynaklar elde edilmektedir.
- Estetik bakımdan güzel görünen kaynak dikişleri elde edilmektedir. Dolayısıyla laser kaynak dikişleri genellikle son işleme ihtiyaç duymazlar.
- Laser kaynak işlemindeki yüksek soğuma oranlarından dolayı daha iyi mikro yapı elde edilir ve daha az mikro segregasyonlar oluşur. Dolayısıyla yüksek dayanımlı kaynak dikişleri elde edilir (Ohse, 1998; Hu and Richardson, 2006).
- İlave metal kullanılmadan (otojen) kaynak yapılmasına imkan sağlamaktadır.
- Laser kaynak yöntemi, imalat sırasında sağlamış olduğu kolaylıklardan dolayı tasarım aşamasında mühendislere bağlantılar için dizayn esnekliği konusunda avantajlar sağlamaktadır. Daha önceleri yapılamayan kaynak bağlantıları laser kaynak yöntemiyle yapılabilmektedir.
- Laser kaynak yöntemi, tekrarlanabilirliği yüksek bir kaynak tekniğidir.
- Laser kaynağı ile nokta ve dikiş kaynakları gerçekleştirilebilir.
- Laser kaynağı yüksek enerji yoğunluklu bir kaynak prosesidir.
- Kaynaklanacak parçalarla elektriksel bir temasa ihtiyaç duymaz.
- Laser kaynak yöntemiyle diğer kaynak yöntemlerine göre çok daha hızlı kaynak yapılabilmektedir. Laser kaynağı, TIG kaynak yönteminden 10 kat hızlıdır (Buchfink, 2006). Çizelge 6.2' de TIG kaynak yöntemiyle laser kaynak yönteminin hız bakımından bir karşılaştırması görülmektedir.
- Laser kaynak yönteminin sahip olduğu avantajlar elektron ışın kaynak yöntemiyle benzerdir. Fakat laser kaynak yöntemi elektron ışın kaynak

yöntemindeki gibi vakum ortamına ihtiyaç duymaz. Laser kaynağı havada ve suda yapılabilmektedir.

- Laser kaynak yönteminde zor malzemeler olarak tabir edilen sert ve kırılgan malzemeler kaynak edilebilmektedir. (Ready, 1997).

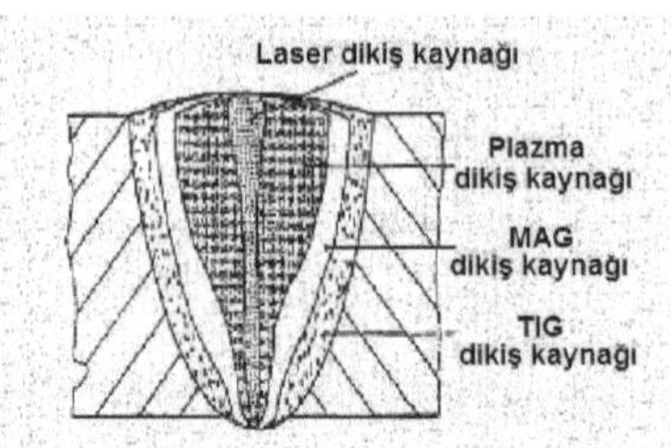

Şekil 6.5. Laser kaynak dikiş şeklinin diğer kaynak yöntemleriyle şematik karşılaştırılması (Karaaslan, 2009).

Çizelge 6.1. Laser kaynak yönteminin diğer kaynak yöntemleriyle karşılaştırması (Kaluç ve Taban, 2004).

	Laser Kaynağı	**TIG Kaynağı**	**Plazma Kaynağı**	**Elektron Işın Kaynağı**
İş parçasına aktarılan güç	4 kW	2 kW	4 kW	5 kW
Toplam kullanılan güç	50 kW	3 kW	6 kW	6 kW
Kaynak ilerleme hızı	16 mm/s	2 mm/s	6.7 mm/s	40 mm/s
İzin verilen kenar açıklığı	±0.5 mm	±1.0 mm	±1.0 mm	±0.3 mm
Isı girdisi	**250 J/mm**	**1000 J/mm**	**600 J/mm**	**125 J/mm**

Çizelge 6.2. Laser kaynağı ile TIG kaynağının bir karşılaştırması (Ion, 2005).

	TIG Kaynağı	**Laser Kaynağı (6 kW)**
Kaynak hızı (m/dak)	**0.0635**	**0.635**
Üretim hızı (bağlantı/ saat)	**1.0**	**10**
İşgücü maliyeti ($ / bağlantı)	47.50	5.40
Sarf malzeme maliyeti ($ / bağlantı)	7.20	1.00
Sermaye gideri ($ / bağlantı)	0.60	24
Toplam maliyet ($ / bağlantı)	55.30	30.40

Laser kaynak yöntemi yukarıda bahsedildiği gibi birçok faydalar sağlar fakat bununla birlikte bazı dezavantajları yok değildir. Laser kaynak yönteminin dezavantajları;

- Başlangıç maliyetleri genellikle yüksek olup daha çok seri üretimde maliyet düşüklüğü sağlamaktadırlar. Fakat teknolojik yenilikler sayesinde ilk yatırım maliyetleri giderek düşmektedir.
- Yansıtıcı malzemelerde laser ışın enerjisinin büyük bir kısmı soğurulmayıp yansıdığı için bu tür malzemelerin kaynağı zor olabilmektedir (European Standard, 2005).
- Yeni teknoloji laser cihazlarının verimleri yüksek olmakla birlikte, laser ışın kaynak makinaları düşük verimlidir. Toplam enerji tüketimleri ışın enerjisinin 10 ile 30 katı olabilmektedir (European Standard, 2005).
- Laser kaynak yöntemi, manuel kaynağa çok uygun değildir. Bununla birlikte teknolojik gelişmeler ışığında elle kullanılabilen laser cihazlarının geliştirilmesine çalışılmaktadır.

- Kaynak bağlantı hazırlama işleminin ve kaynak dikiş pozisyonu ayarlamasının çok hassas olması bir zorluk olarak karşımıza çıkmaktadır. Özellikle alın kaynak bağlantılarında malzemelerin kaynak kenarlarının düzgünlüğü ve kaynak kenarları arasındaki boşluk hassasiyeti önemlidir. Bindirme kaynaklarında da iki malzeme arasındaki boşlukların sağlam bir sıkıştırma düzeneğiyle sabitlenmesi oldukça önemlidir.
- Kaynak bölgesinin yüksek derinlik-genişlik oranına sahip olmasından dolayı kaynak işleminde kullanılan dolgu metalinin kaynak metaline aktarılmasında zorluk vardır.
- Yüksek enerji yoğunluğuna sahip laser ışınının malzemeyi buharlaştırmasından dolayı yüksek buhar basıncıyla kaynak metalindeki bileşenler azalabilir (European Standard, 2005).
- Kaynaklanacak parçalardaki yüzey kaplamaları kaynak kusurlarına sebep olabilir.
- Laser kaynak işleminin yüksek soğuma oranlarından dolayı bazı malzemelerde özel dikkat gerekmektedir.

6.3. Laser Kaynağının Kullanım Alanları

Laser kaynak tekniği günümüzde otomotiv sanayi (Wu et al., 2008), gemi sanayi (Özden, 2007), havacılık ve uzay sanayi (Kreimeyer et al., 2005), savunma sanayi, petrol boru hatları, tren vagon imalatı, bakım onarım (Dalkılıç ve Tanatmış, 2003) gibi birçok alanda uygulama imkanı bulmaktadır. Laser kaynak işlemi yapılan bazı alanlardaki örnekler aşağıdadır;

- Otomotiv sektöründe tailored blanks bağlantıların kaynak işlemleri (Şekil 6.6) ve (Şekil 6.7).
- Gemi inşaasında çelik sacların ve yüksek hız feribotlarında aluminyum ekstrüzyon panellerinin kaynak işlemleri (Şekil 6.8) ve (Şekil 6.9).
- Uçak sanayinde yolcu uçaklarındaki hafif aluminyum yapıların kaynak işlemleri (Şekil 6.10).

- Uzay araçlarının yakıt tanklarının kaynak işlemleri (Şekil 6.11).
- Isı değiştiricilerinin bindirme kaynak işlemleri (Şekil 6.12).
- Tren vagon imalatında laser kaynak işlemleri (Şekil 6.13).

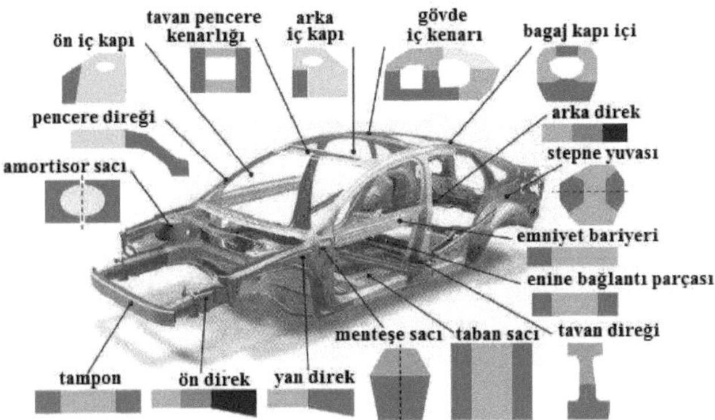

Şekil 6.6. Otomotiv sektöründe tailored blanks ürünlerin kaynak işlemi (Roboat, 2011).

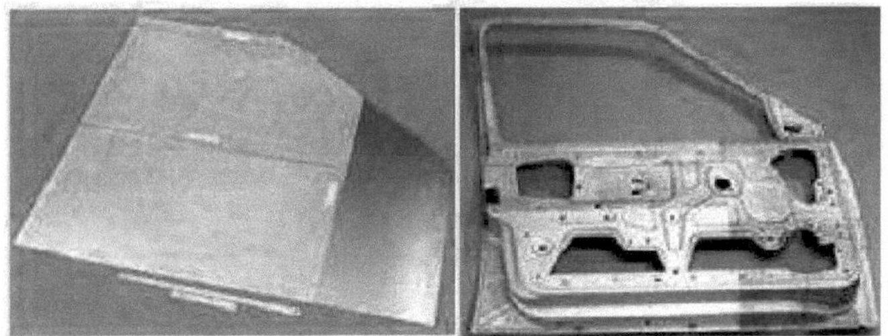

Şekil 6.7. Bir otomobil kapısında laser kaynaklı tailored blanks uygulaması (Twi, 2010).

Şekil 6.8. Gemi inşasında laser kaynak uygulaması (Raebsch, 2009).

Şekil 6.9. Gemi inşaasında aluminyum kullanımı (Stefano and Volpone, 2005).

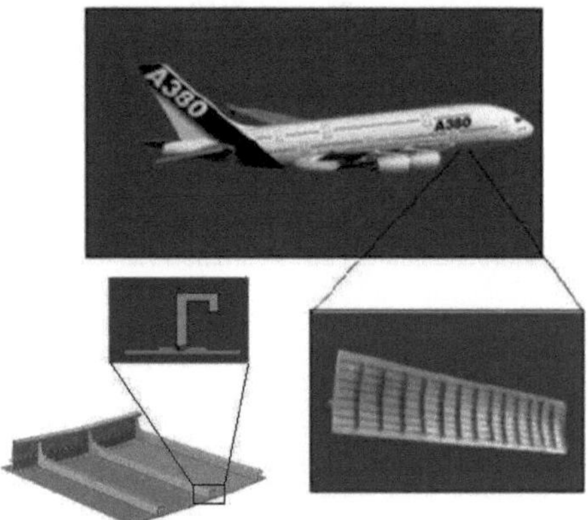

Şekil 6.10. Uçak sanayinde laser kaynak uygulaması (Hirsch et al., 2011).

Şekil 6.11. Roket yakıt tankının laser kaynak işlemi (Hirsch et al., 2011).

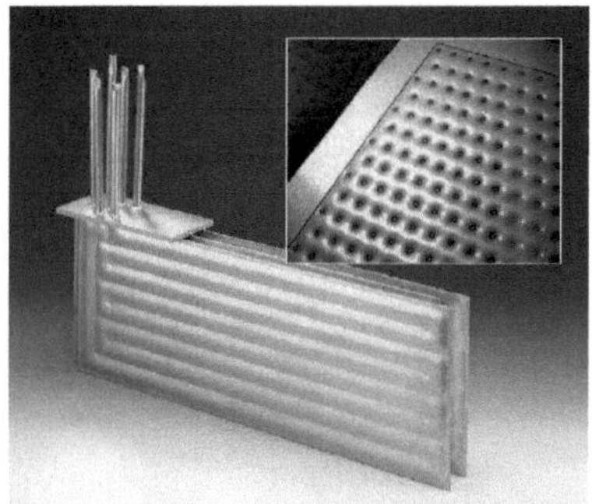

Şekil 6.12. Bir ısı değiştiricide laser bindirme kaynak uygulaması (Bitzel et al., 1996).

Şekil 6.13. Tren vagonlarında laser kaynak uygulaması (Raebsch, 2009).

Laser kaynak yöntemi yukarıda bahsedildiği gibi birçok alanda farklı ihtiyaçlara hitap etmektedir. Laser kaynak yöntemi kaynaklı bağlantılarda büyük esneklik sağlamaktadır. Farklı endüstriyel alanlarda çok çeşitli bağlantı tipleri olmakla birlikte en yaygın kullanılanları Şekil 6.14' de gösterilmektedir.

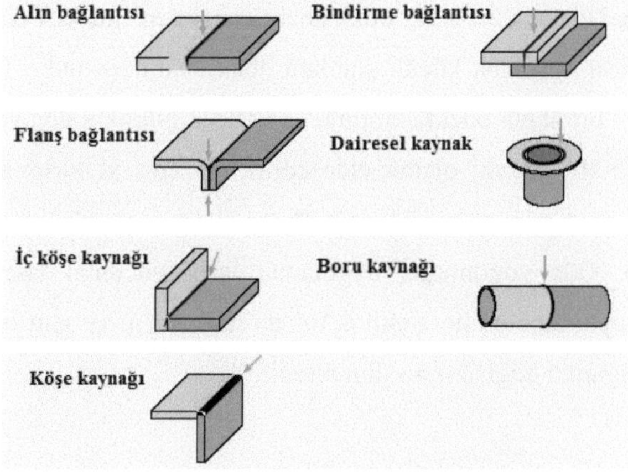

Şekil 6.14. Laser kaynak bağlantı tipleri (Buchfink, 2006).

6.4. Laser Kaynak Parametreleri

Laser kaynak işlemi yapısı itibariyle birçok parametreden etkilenmektedir. Sürekli dalga laser ile malzeme işleminde ana proses parametrelerini dört ana grup altında toplayabiliriz; Laser ışın özellikleri, transport özellikleri, işlem gazı özellikleri, malzeme özellikleri (Şekil 6.15).

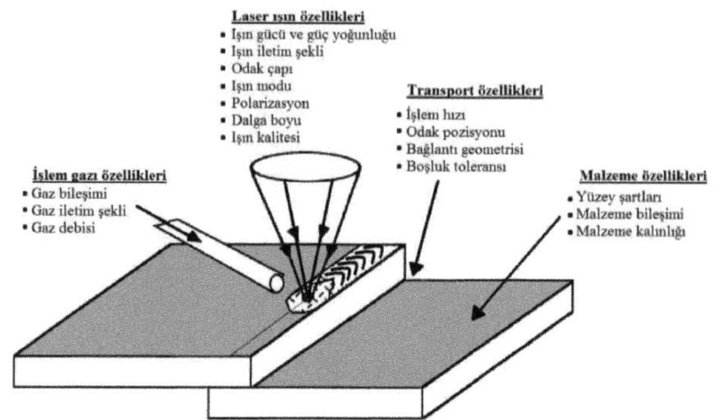

Şekil 6.15. Sürekli dalga laser kaynak işleminde etkili olan başlıca parametreler.

6.4.1. Laser ışın özellikleri

6.4.1.1. Işın gücü ve güç yoğunluğu

Laser kaynağında laser makinasının ışın gücünden ziyade malzeme üzerine uygulanan güç yoğunluğu önemlidir. Dolayısıyla laser kaynak işlemi için kullanılan laser ışınının malzeme üzerinde odaklanabileceği en küçük odak çapı önem arzetmektedir. Laser ışığı çok küçük alanlara odaklanabilmektedir. Eğer 1 kW laser ışını 200 μm çaplı bir alana odaklanabilirse, parlaklık (sıklıkla güç yoğunluğu olarak telafuz edilir) $3.2x10^6$ W/cm^2 olarak elde edilir. (W/cm^2 SI birim sistemine uygun olmamasına rağmen her zaman güç yoğunluğu W/cm^2 olarak rapor edilmektedir.) (Migliore, 1998). Güç yoğunluğu, uygulanan laser gücünün laser ışınının odak alanına bölünmesiyle elde edilir. Şekil 6.16' da laser gücü ve ışın odak çapına göre laser güç yoğunluğunun değişimi görülmektedir.

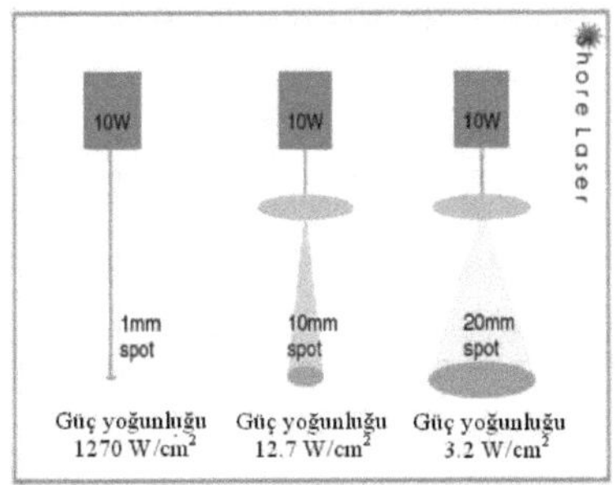

Şekil 6.16. Işın nokta çapına göre güç yoğunluğunun değişimi (Shore Laser, 2011).

6.4.1.2. Işın iletim şekli

Laser ışınını iş parçasına iletmek için iki yöntem vardır; optik elemanlar, fiber optik kablolar. Birinci yöntemde kullanılan optik elemanlar basit olarak laser ışınını, lensler ve aynaları kullanarak odaklamak ve yönünü değiştirmek için kullanılan parçaları ifade etmektedir. Bu yöntem, laser ışın üreteci ile iş parçası arasındaki mesafelerde işlemsel sınırlamalar içermektedir ve kaynağı gerçekleştirmek için doğru açı ve pozisyonda ışının iletilmesini zorunlu kılmaktadır. İkinci yöntem fiber optik kablo kullanımını içermektedir. Laser enerjisi fiber kablonun bir ucunun içine odaklanabilir ve çok az kayıpla diğer ucundan (onlarca metre uzağa) çıkar. Sonra ışın demeti ayarlanır ve iş parçası üzerine tekrar odaklanır (Northeast Laser, 2011).

6.4.1.3. Işın odak çapı

Endüstriyel laser kaynak makinelerinde kullanılan laser ışınlarının nokta boyutları genel olarak 0.3 mm olmakla birlikte 0.1-1.0 mm aralığında değişmektedir. 0.3 mm nokta boyutuyla yapılan alın kaynakları, ergime bölgesi kaynağın alt kısmına doğru hayli dar olması yüzünden kaynak kenarlarının arasındaki boşluk 0.1 mm' den daha büyükse kaynak dikişi gerçekleşmeyebilir. Ergime bölgesi, laser gücü artırılarak ya da kaynak hızı azaltılarak biraz daha genişletilebilir. Bindirme kaynağında ise tek gereken durum, laser ışınının malzemeye odaklandığı yerde her iki tabakanın birbirine temas etmesidir (Migliore, 1998).

Işın kalite değeri (ışınının odaklanabilirliği) $M^2>1$ olan laser ışın demeti düşük kaliteli demet olarak tanımlanır. Pratikte laser kaynaklarının çoğunda M^2 değeri 1' den büyüktür. Odaklanan laser ışın demet yarıçapı (W_o), laser ışın dalga boyu (λ), laser ışın kalitesi (odaklanabilirliği) M^2, merceğin odak uzaklığı (f) ve odaklama merceğinde ışın demetinin yarıçapı (W_1) değerlerine bağlı olarak hasaplanabilir. Bu değerler arasındaki ilişki aşağıdaki formülde verilmiştir (Tarakçıoğlu ve Özcan, 2004).

$$W_o = M^2 \frac{4\lambda f}{\pi W_1}$$

Küçük odak boyutları için, enine gradyanlar daha büyüktür ve ısı odak noktasının dışına çok çabuk bir şekilde iletilir (Ready, 1997). Tipik endüstriyel CO_2 laserler, 500-2000 W laser gücünde ve 10-15 mm odak çapında ışın meydana getirirler (Ready, 2002). Laser ışınının dalga boyu arttıkça odak çapı artar. Nd:YAG laserlerin dalga boyu CO_2 laserlerden daha küçüktür. Bu yüzden sundukları odak çapı daha küçük olmaktadır. Dolayısıyla Nd:YAG laser ışınları hassas işlemler için daha idealdir. Şekil 6.17'de çeşitli laser uygulamaları için kullanılan laser spot çapları gösterilmektedir.

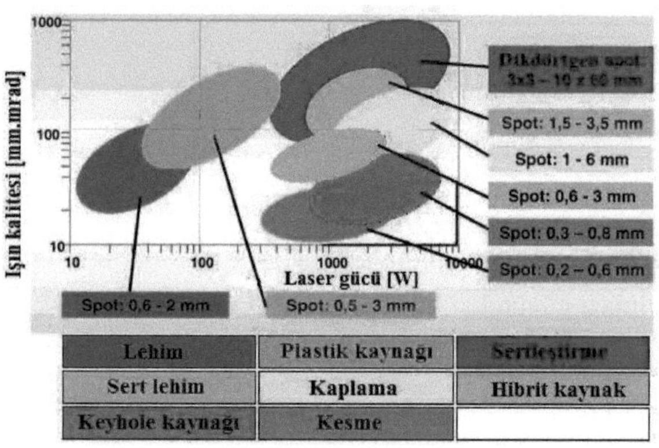

Şekil 6.17. Çeşitli laser uygulamalarında kullanılan ışın spot çapları (Laserline, 2011).

6.4.1.4. Işın iç yapısı (Işın Modu: TEM_{pl})

Laser ışın kesitinde güç yoğunluğu sabit değildir. Laser ışın kesitinde fotonların dağılımı Transverse Electromagnetic Modes (TEM) yani Elektromanyetik Çaprazlaşma Modları ile gösterilir. En yaygın kullanılanı Gausyen (Gaussian) olarak da isimlendirilen TEM_{00} modudur. Şekil 6.18' de çeşitli modlar için güç yoğunlukları gösterilmektedir.

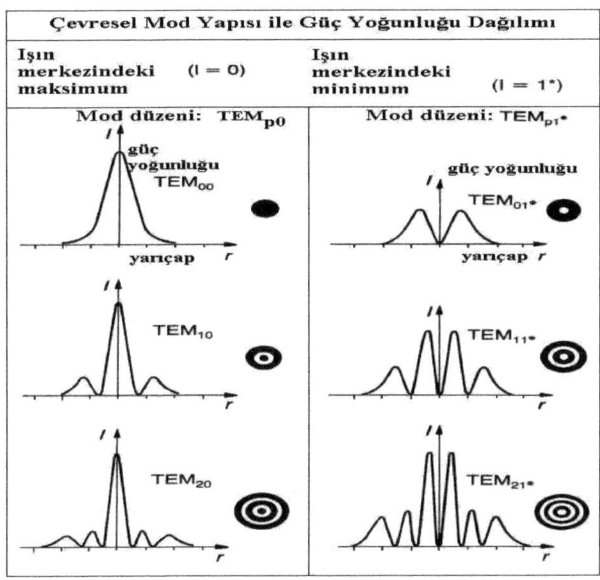

Şekil 6.18. Çeşitli laser ışın kesiti güç yoğunlukları (TEM) (Karaaslan, 2009).

6.4.1.5. Polarizasyon

Işığın polarizasyonu, elektrik alan salınımının yönüdür (Hitz et al., 2001). Polarizasyon, yayılma doğrultusu ve elektriksel alanın salınım düzlemi arasındaki ilişkiyi karakterize eder (Ion, 2005). Şekil 6.19' da üç farklı polarize ışık dalgası şematik olarak gösterilmiştir.

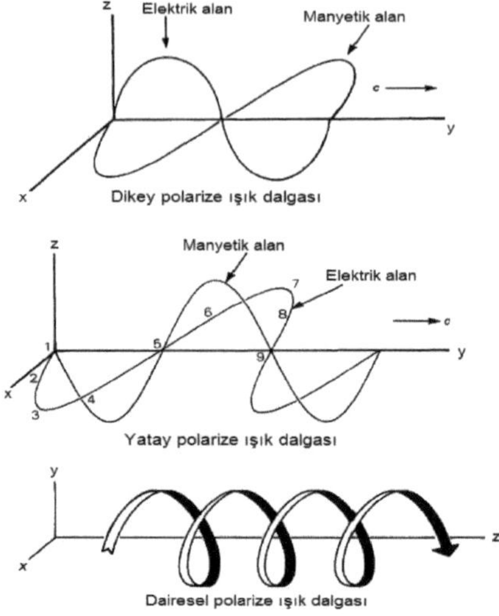

Şekil 6.19. Dikey, yatay ve dairesel polarize ışık dalgalarının şematik gösterimi (Hitz et al., 2001).

Polarizasyon doğrultusu, kesme ve kaynak uygulamalarında sorunlara neden olabilir. Polarizasyon durumunun laser malzeme işleme uygulamalarını etkilemesinin nedeni, polarizasyon doğrultusu ve yüzeye gelen ışık arasındaki açıya bağlı olan ışığın soğurulması ve yansıması nedeniyledir. Örneğin CO_2 laseriyle kalın bir malzeme kesildiği zaman, kesme ön kenarında yüksek soğurulma arzu edilirken, diğer taraflarda yüksek yansıtıcılık tercih edilir. Eğer ışın kesme doğrultusuna paralel polarize edilirse, kesme kenarında maksimum soğurulma ortaya çıkar. Polarizasyon doğrultusu, kesme doğrultusuna bağlı olarak değiştikçe, kesme kalitesi ve kesme hızı azalır. Doğrusal polarize ışın, kalın metallerin kesme işlemleri için verimli bir şekilde kullanılamaz. Doğrusal polarize ışık, kesme işlemindeki aynı nedenlerden dolayı derin nüfuziyet kaynağında da kaynak kalitesi üzerinde olumsuz etkiye sahiptir (Ready, 2002). Özellikle 2E ve 3E çalışma sistemleriyle gerçekleştirilen kaynak ve kesme uygulamalarında laser ışınının dairesel polarizasyon şeklinde düzenlenmesi gerekir (Karaaslan, 2009).

Kaynak yönündeki alan kuvvet vektörünün oryantasyonu ile komşu bölgelerde sıcaklık artışı olur. Buna bağlı olarak kaynak doğrultusuna paralel alan kuvvet yönü seçildiğinde derin ve dar, kaynak doğrultusuna dik alan kuvvet yönü seçildiğinde ise kısa ve geniş dikiş kesiti elde edilir (Karaaslan, 2009). Şekil 6.20' de polarizasyonun buhar kanalına ve kaynak dikişine olan etkileri görülmektedir.

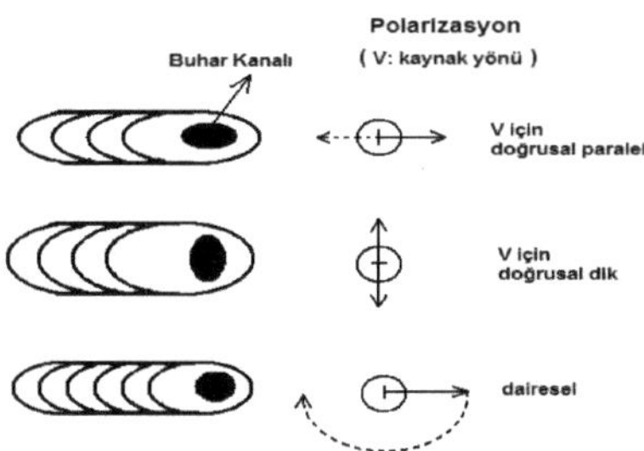

Şekil 6.20. Polarizasyonun buhar kanalına ve kaynak dikişine olan etkisi (Karaaslan, 2009).

6.4.1.6. Dalga boyu

Laser malzeme işlemlerinde kullanılan laser ışınının dalga boyu, gerçekleştirilmek istenen uygulamalar için laser makinasının uygunluğunu belirlemede önemli bir parametredir. Kısa dalga boyuna (1.06 µm) sahip olan Nd:YAG laser ışını daha büyük dalga boyuna (10.6 µm) sahip CO_2 laser ışınından daha küçük boyutlara odaklanabilmektedir. Dolayısıyla daha yüksek güç yoğunluğuna ulaşabilmek mümkündür. Ayrıca odak çapının küçük olması sayesinde kısa dalgaboylu laser ışınları ile daha hassas işlemler yapmak mümkündür.

Çoğu metallerin ışığı soğurması, ışığın artan dalga boyu ile azalmaktadır. Bu nedenle düşük dalga boyuna sahip Nd:YAG laser makinalarıyla daha büyük dalga boyuna sahip CO_2 laser makinalarına kıyasla daha düşük güçlerde çalışabilme imkanı olmaktadır. Ayrıca düşük dalga boyuna sahip olan laser ışınları fiber optik kablolarla iletilebilmektedir. Örneğin Nd:YAG laser makinasının ışın iletimi fiber optik kablolarla gerçekleştirilirken, CO_2 laser ışınları dalga boyunun büyük olmasından dolayı sadece aynalarla gerçekleştirilebilmektedir.

6.4.1.7. Işın kalitesi (M^2 ya da BPP)

Işın kalitesi M^2, mevcut ışın ve gausyen ışın arasındaki farkı ölçen bir ışın kalite göstergesidir. Bir başka ifadeyle, laser ışınının kalitesi o ışının odaklanabilirliğinin (odak boyutu ve odak uzaklığı) bir ölçüsüdür (Ion, 2005). Laser ışın kalitesi, M^2 (BPP: ışın üretim parametresi) ile belirtilmektedir. Laser ışınının kalitesi 1 değeri ile karşılaştırılmaktadır. M^2 değerinin bu değerden büyük olması durumunda düşük kaliteli, bu değere yakın olması durumunda yüksek kaliteli ışın olarak değerlendirilir. Pratikte laser cihazlarının çoğunda M^2 değeri 1'den büyüktür.

$$M^2 = \frac{\pi}{\lambda} . \frac{d_B \theta}{4}$$

Bu denklemde, λ: Dalga boyu, d_B: Gelen ışın çapı, θ: Işın diverjans (saçılma) açısıdır.

Malzeme işlemleri için yüksek ışın kalitesinin avantajlarını üç kısımda inceleyebiliriz; (Ion, 2005)

- Küçük odak çapı: odak çapının küçük olması yüksek işlem verimi, düşük enerji girişi ve dar kaynaklı dikişler sağlar.
- Küçük laser işlem kafası: küçük laser kafası laser malzeme işlemlerinde esnek çalışma imkanı sağlar.
- Büyük çalışma uzaklığı: uzun çalışma mesafesi sayesinde birkaç yerde işlemlerin tamamlanmasını sağlar.

Yüksek laser ışın kalitesi, uzun çalışma mesafelerinin kullanımına olanak sağlamaktadır. İş parçası ve odaklama lensleri arasındaki uzaklık, malzeme işlemeleri için ihtiyaç duyulan güç yoğunluğu sürdürülürken, işlem süresince meydana gelen sıçrantılardan laser optiklerine zarar gelme olasılığını azaltır (Verhaeghe, 2000). Işın kalite değeri (BPP) mm.mrad birimiyle belirtilir. Laser makinasının gücü arttıkça ışın kalite değeri olan mm.mrad değeri de büyümektedir. Örneğin 17 kW lık Yb-fiber laserin 12 mm.mrad olan kalite değeri 5 kW' lık bir sistemde 2 mm.mrad olmaktadır (Verhaeghe, 2005).

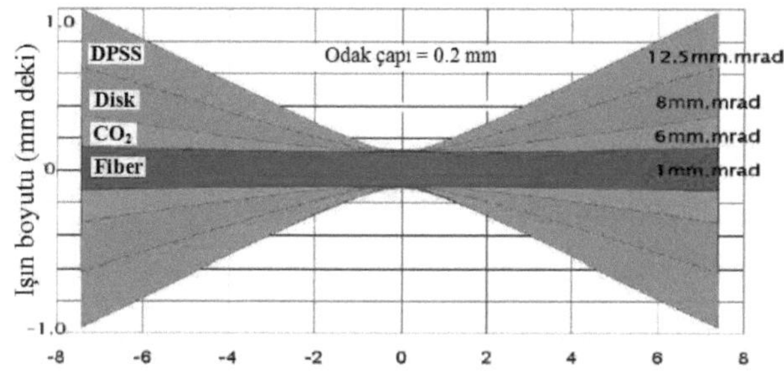

Şekil 6.21. Farklı ışın kalite değerlerine sahip farklı laserlerin bir karşılaştırması (Kratky et al., 2008).

Şekil 6.21' de görüldüğü gibi, düşük BPP' li ışın kullanılarak, laser ve iş parçası arasındaki uzaklığın artırılabileceği açıkca görülmektedir. Bu durum, uzaktan kaynak ya da uzaktan kesim gibi proseslerin kullanılması istenen uygulamalarda çok avantajlıdır. Fiber laserler daha düşük BPP değerine sahip oldukları için diğer laserlere kıyasla daha avantajlıdırlar (Kratky et al., 2008).

6.4.2. Transport özellikleri

6.4.2.1. İşlem hızı

Laser kaynak yöntemi diğer kaynak tekniklerine göre çok hızlı bir prosestir. Örneğin bir TIG kaynak işlemine göre on kat daha hızlı işlem yapılabilmektedir. Yüksek kaynak hızlarında işlem yapılabilmesi yüksek soğuma oranları sağlamaktadır. Şekil 6.22' de kaynak hızının dikiş şekline olan etkisi şematik olarak görülmektedir.

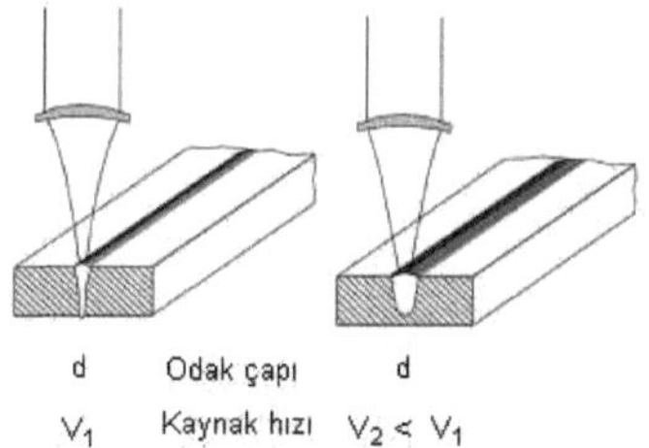

Şekil 6.22. Sabit odak çapında kaynak hızının değişimine göre dikiş şeklinin değişiminin şematik gösterimi (Bitzel et al., 1996).

Kaynak hızının artırılmasıyla daha yüksek laser güçlerinin kullanılması katılaşma çatlağı oluşumunda artışa sebep olmaktadır (Batahgy and Kutsuna, 2009).

Laser kaynak işlemlerinde kaynak hızının dikiş oluşumuna kuvvetli bir şekilde etkisi vardır. Kaynak hızının düşük ya da yüksek olmasının çeşitli etkileri vardır. Düşük hızlarda kaynak havuzu büyük ve geniştir ve düşük kaynak oluşumuna sebep olabilir. Düşük kaynak hızında ergiyik basıncı, kaynak havuzunu yerinde tutmak için gerekli olan yüzey geriliminden çok daha büyüktür ve kaynak dikişinin yüzeyi çöker. Yüksek hızlarda, anahtar deliğinin (keyhole) ardından kaynak merkezine doğru olan güçlü ergiyik akışını dağıtmak için zaman yoktur ve bu durum kaynağın kenarlarında yanma olukları oluşmasına sebep olur (Steen, 1991). Çok yüksek hızlarda kaynak sıçrantıları da, meydana gelebilir (European Standard, 2005). Şekil 6.7' de 1200 W CO_2 laseri ile yapılan kaynaklarda kaynak hızına bağlı olarak nüfuziyet derinlikleri ve en-boy oranı değişimleri görülmektedir

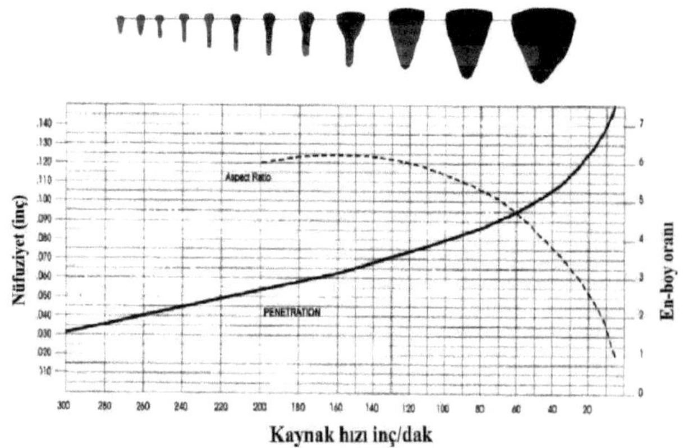

Şekil 6.23. 1200 W CO_2 laser ile kaynak işleminde kaynakların nüfuziyet ve en-boy oranlarının değişimi (Ready, 2002).

6.4.2.2. Odak pozisyonu

Odak noktasının malzeme işlemlerinde önemli etkileri vardır. Laser ışınının odak noktası en yüksek güç yoğunluğuna sahip olan yerdir. Laser ışınıyla yapılmak istenen uygulamaya göre odak noktasının malzeme üzerindeki yeri değiştirilmektedir. Şekil 6.24' de odak noktasının malzeme üzerindeki farklı pozisyonları şematik olarak gösterilmektedir. Şekil 6.25' de ise 1.45 mm kalınlığında 5754 aluminyum alaşımının kaynağında Nd:YAG laser ışınının odak noktasının dikiş şekline etkileri gösterilmektedir.

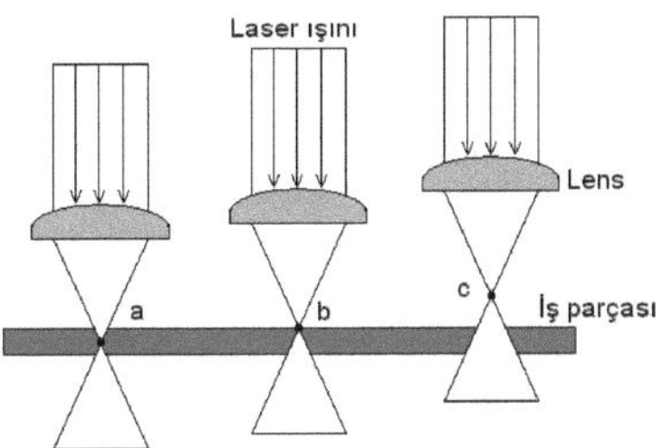

Şekil 6.24. Laser ışınının odak pozisyonu. a) iş parçası içinde, b) iş parçası yüzeyinde c) iş parçası üzerinde.

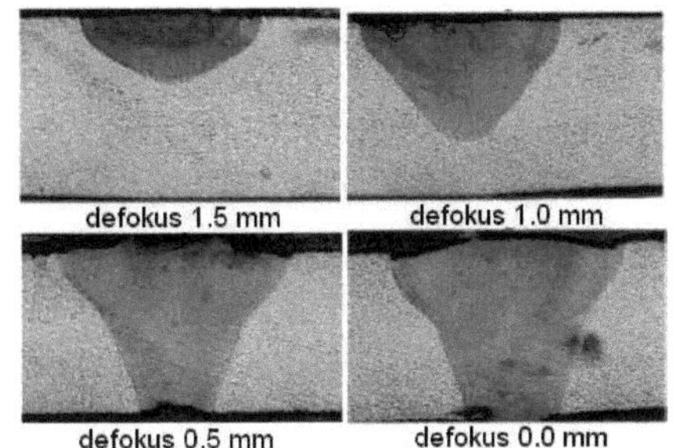

Şekil 6.25. Odak pozisyonunun kaynak dikiş şekline olan etkileri (Zhao et al., 1999).

Laser ışın kaynağının avantajlarından biri de farklı ısıl iletkenlik ve ergime sıcaklıklarına sahip benzer olmayan metallerin, ergime sıcaklığı düşük olan malzeme hemen ergimeden diğer malzemeyle birlikte ergiyecek şekilde kaynak edilebilmesidir (European Standard, 2005). Özellikleri bakımından farklı metallerin kaynağında ergime sıcaklıklarındaki farklılık, ısı iletkenlik, yansıtma, kırılgan fazların oluşumu gibi belirli hususlar dikkate alınmalıdır. Daha iyi kaynak performansı elde etmek için laser ışını, yüksek ergime noktası, ısıl iletkenliği ve yansıtması olan malzemeye doğru yönlendirilebilir (Johnson et al., 2011). Şekil 6.26' da odak noktasının birleşme noktasından kaydırma (ofset) uzaklığı şematik olarak gösterilmektedir. Şekil 6.27' de birleşme noktasından 0.15 mm kaydırılarak kaynak edilmiş çelik ile sert metalin alın kaynaklı bağlantısı görülmektedir.

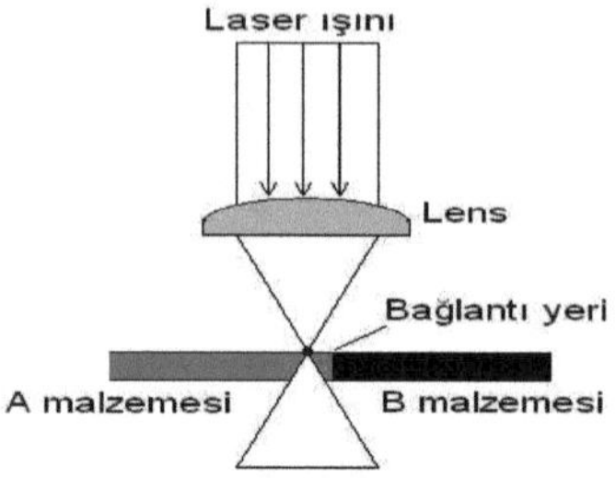

Şekil 6.26. Odak noktasının birleşme noktasından kaydırılması (ofset).

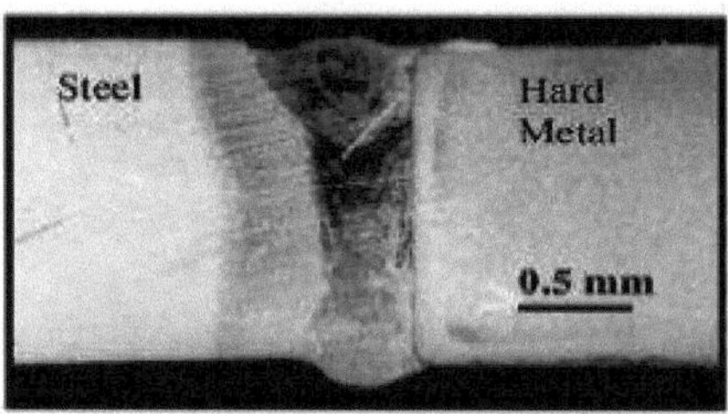

Şekil 6.27. 0.25 C' lu çelik ve sert metalin (K10) alın kaynağında ofsetin 0.15 mm kaydırılması (Costa et al., 2003).

6.4.2.3. Bağlantı geometrisi

Laser kaynak yöntemi, kaynaklı birleştirmelerde kullanılacak bağlantı tiplerine büyük esneklik sağlayan bir yöntemdir. Geleneksel kaynak yöntemleriyle daha önce yapılamayan bağlantıların gerçekleşmesine imkan sağlamıştır. Örneğin iki farklı malzemenin bindirme bağlantısı. Şekil 6.28' de bazı kaynak bağlantı tipleri görülmektedir.

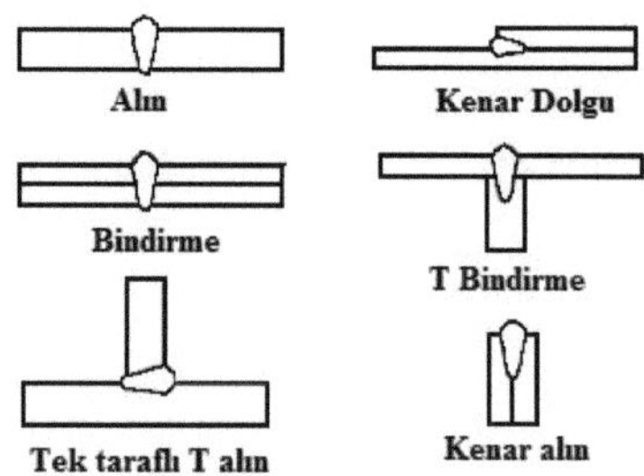

Şekil 6.28. Kaynak bağlantı şekilleri ve derin nüfuziyet kaynağı için kaynak dikiş şekilleri (Ion, 2005).

Bindirme bağlantısı, kaynak işlemlerinde sıklıkla kullanılmaktadır. Bindirme bağlantıları küçük bir bağlantı oluşturmak için daha çok metal eritir. Fakat alın kaynak bağlantılarından daha büyük pozisyon toleransına sahiptir (Migliore, 1998). Bindirme bağlantısı, üretim koşulları altında tasarım açısından yüksek esneklik sunduğu için en yaygın kullanılan laser kaynaklı levha metal bağlantısıdır. Aynı zamanda bağlantı hazırlığı, konumlama ve erişim kolaylığı, ışın hizalama problemleri olmadığı için bindirme bağlantısı yapmak kolaydır. Ana dezavantajı ise ışın enerjisinin bağlantı sağlanmadan önce üstteki levhaya nüfuz etmek için kullanılması ve tam nüfuziyet elde edilmediği sürece görsel bir kanıt olmamasıdır. Ayrıca, arayüzeyler arasında iyi bir temas gereklidir. Işın odak düzlemi korunurken ince levhanın %10' u civarında bir boşluk tolere edilebilir (Ion, 2005).

6.4.2.4. Boşluk toleransı (gap)

Kaynak doğrultusu boyunca malzemelerin sıkı bir temasta tutulmaları başarılı bir laser kaynak işleminde en önemli faktörlerden biridir. İdeal kaynak bağlantısı için kaynaklanacak parçalar arasında boşluk olmamalıdır (çinko kaplamalı çeliklerin laser bindirme kaynağı gibi özel durumlar haricinde). Bu özellikle bindirme kaynak bağlantısında çok önemlidir. Kaynaklanacak parçaların birleşme bölgesindeki toleranslar (Şekil 6.29) dışındaki en ufak boşluk artışında bile kaynak işleminin gerçekleşmemesi olasıdır (Northeast Laser, 2011).

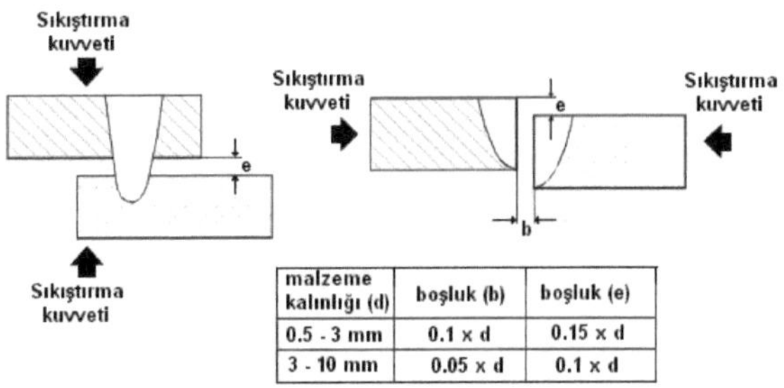

malzeme kalınlığı (d)	boşluk (b)	boşluk (e)
0.5 - 3 mm	0.1 x d	0.15 x d
3 - 10 mm	0.05 x d	0.1 x d

Şekil 6.29. Laser kaynak bağlantılarında boşluk toleransları (Raebsch, 2009).

6.4.3. İşlem gazı özellikleri

Koruma gazı, ark kaynağı, laser kaynağı gibi kaynak proseslerinin en önemli parametrelerinden biridir. Koruma gazı, ergiyik bölge şekli, nüfuziyet derinliği, kaynak verimliliği gibi kaynak karakteristiklerini etkiler (Grevey et al., 2005).

6.4.3.1. Gaz bileşimi

Diğer ergitme kaynaklarında olduğu gibi laser kaynağı sırasında da işlem verimliliğini artırmak, kaynak kalitesini yükseltmek ve kaynak banyosunu korumak için koruyucu gaz kullanılmaktadır. Laser kaynağında koruma gazı, kaynak yapılacak parçaların cinsine göre değişmekte olup genellikle helyum kullanılmaktadır. Yüksek iyonlaşma potansiyeline sahip olan helyum, plazma oluşumunu azaltarak nüfuziyeti arttırır, bu da kaynak kalitesini büyük ölçüde yükseltmektedir. Bunun yanı sıra farklı uygulamalarda koruyucu gaz, argon veya karışım gazları olabilir.

Kullanılacak olan gazların kalitesi, laser kaynağında işlem verimine doğrudan etki etmektedir. Bu yüzden koruyucu gazlar her zaman yüksek saflıkta olmalıdır. Helyum, argon gazına kıyasla pahalı bir gazdır. Bu sebeple, kaynak işleminde kullanılacak olan gazlar seçilirken ekonomiklik de göz önüne alınması gereken faktörlerden biri olarak karşımıza çıkmaktadır. Çizelge 6.3' de laser kaynağında kullanılan gazların özellikleri görülmektedir.

Çizelge 6.3. Laser kaynağında kullanılan gazların özellikleri (Ion, 2005).

Gaz	Molekül ağırlığı	Isıl iletkenlik 1200 K' de (W/mK)	İyonizasyon potansiyeli (eV)	Yoğunluk (g/L)	Görece maliyet (€)
He	4	0.405	24.46	0.1769	1
Ar	40	0.049	15.68	1.7828	0.4
N_2	28	0.076	15.65	1.2507	0.1
CO_2	44	0.080	14.41	1.9768	0.1

Gerçekleştirilen deneysel çalışmalar dinamik plazma akışının, enerji transferine (coupling), kaynak stabilitesine ve kaynak dikiş kalitesine olumsuz etkileri olduğunu göstermiştir. Oluşan plazma bulutu karakteristik boyutu aştığı ya da iş parçası yüzeyinden ayrıldığı zaman, kaynak prosesi tamamen kesintiye uğrayabilir. Bu zararlı etkileri azaltmak için, etkileşim bölgesine gaz üflemek yaygın bir uygulama haline gelmiştir. Yüksek iyonizasyon derecesine sahip gazlar, kaynak bölgesini oksitleyici etkilere karşı korumanın yanısıra plazma büyümesini minimize etmede aktif rol oynarlar (Webb and Jones, 2004).

Helyum gazı yüksek iyonizasyon potansiyeli ve ısıl iletkenliğe sahip olduğu için derin nüfuziyet kaynağı için uygun bir gazdır. Ayrıca asal bir gazdır ve ergime havuzuyla reaksiyona girmez. Bununla birlikte düşük güçlü CO_2 laser kaynak uygulamalarında helyum gerekmez. Güç yoğunluğu yüksek olmadığı için plazma kontrolü için pahalı bir gaz olmaktadır. 2 kW' a kadar argon ve 8 kW' a kadar argon-helyum ya da diğer gaz karışımları başarıyla uygulanabilir. Nd:YAG laser kaynağında daha ucuz olduğu için argon gazı tercih edilir. Argon havadan ağır olduğu için iyi bir koruma sağlar. Argon gazı Nd:YAG laserlerin dalga boyunda plazma yaratmaz. Argon gazı da asal bir gaz olduğu için ergime havuzuyla tepkimeye girmez (Ready, 2002).

6.4.3.2. Gaz iletim şekli

Laser kaynak işleminde farklı uygulamalar ve değişik gereksinimleri karşılamak için koruyucu gazın, çalışma bölgesine iletilmesinde kullanılan çeşitli gaz nozulları bulunmakla birlikte laser kaynak işlemlerinde yaygın olarak, eş eksenli (coaxial) ya da kenar jet (side-jet / off-axis jet) şeklinde iki tip gaz nozulu kullanılmaktadır. Şekil 6.30' da bu iki tip gaz nozulu gösterilmektedir.

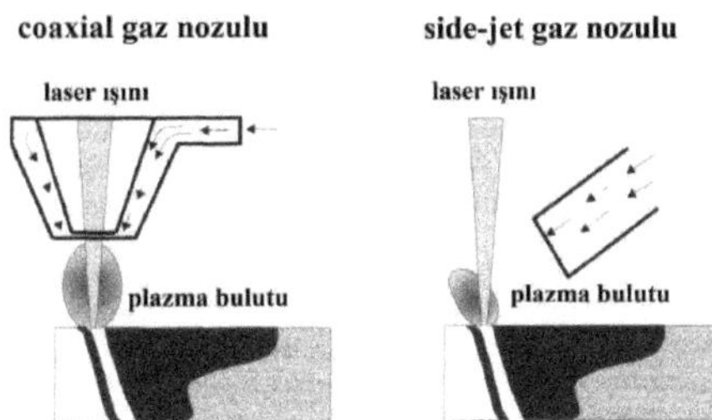

Şekil 6.30. Eş eksenli (coaxial) ve kenar jet (side-jet) gaz nozullarının ve plazma bulutunun şematik gösterimi (Ready, 2002).

Kaynak işlemlerinde, çevre ve ortamdaki gazlarla reaksiyona girerek kaynak bölgesininin oksitlenmesine neden olması nedeniyle kullanılan koruyucu gazın, bu noktada çok önemli olduğu ortaya çıkmıştır. Özellikle atmosferdeki gazlarla reaksiyona giren metallerde, gazlarla ilgili olarak dikkat edilmesi gereken diğer bir noktanın koruyucu gazın kaynak bölgesinde türbülansa neden olmasını engellemek olduğu sonucuna varılmıştır. Aksi taktirde gazdan elde edilebilecek verimin düşeceği görülmüştür (Demir vd., 2004).

6.4.3.3. Gaz akış oranı

Laser kaynak işleminde kullanılacak olan gaz akış oranı (debisi) laser türüne, kaynak gücüne, gaz nozulu tipine ve gaz türüne göre değişik değerlerde olabilmektedir. Çizelge 6.4' de 8 kW ve üzeri güce sahip CO_2 ve Nd:YAG laser kaynak makinalarında 4-6 mm iç çapında kenar jet (side jet/off axis jet) ve eş eksenli (coaxial) nozul için önerilen gaz akış oranları görülmektedir.

Çizelge 6.4. Gaz nozulu tipine göre kullanılan gaz akış oranları (Ready, 2002).

	Coaxial nozul		**Off-axis jet nozul**	
	CO_2	Nd:YAG	CO_2	Nd:YAG
Helyum ya da karışım gazları	10-30 l/dak	10-30 l/dak	10-40 l/dak	10-30 l/dak
Argon ya da karışım gazları	Uygun değil	5-20 l/dak	20-40 l/dak	5-20 l/dak

6.4.4. Malzeme özellikleri

6.4.4.1. Yüzey şartları

Laser ışın kaynağının kalitesi, bağlantı hazırlıklarının doğruluğundan ve malzemelerin temizliğinden etkilenmektedir. Eğer kaynak bağlantı yüzeylerine oksitler, yağ, gres yağı, sıvı veya boya bulaşmışsa yüzeylerin temizliği gerçekleştirilmelidir. Bunun için aşağıdaki işlemler kullanılabilir: (European Standard, 2005)

- Solvent ile temizlik,

- Ultrasonik banyo içinde ya da solvent buhar ünitesi içinde temizlik,
- Çok az alkalin katkılı buhar temizliğiyle ön işlem,
- Asitle temizleme, distile suyla yıkama, kurutma, kısa süre bekletme,
- Zımparalama, fırçalama vb. mekanik temizleme.

Kaynaklı birleştirilecek parçalar, karbürleme, eloksallama, kadmiyum kaplama, nitrürleme, fosfatlama, galvanizleme vb. yollarla üretilmiş yüzey tabakalarına sahiplerse, bu tabakaların talaş kaldırmayla yüzeyden kaldırılması gerekir (European Standard, 2005).

6.4.4.2. Malzeme bileşimi

Kaynak işlemlerinde bazen farklı türdeki malzemelerin birleştirilmesi durumu ile karşılaşılmaktadırlar. Malzemelerin kimyasal bileşimi, sertleşebilme kabiliyeti, bağlantı geometrisi ve bazı kısıtlayıcılar istenen mekanik özellikleri elde etmeyi engeller. Diğer faktörler aynı olmak koşuluyla çeliklerde karbon oranı arttıkça kaynak edilebilme zorlaşmaktadır (Çalık, 2004).

Laserle birleştirilecek olan malzemelerin kimyasal bileşimleri kaynak kalitesini önemli derecede etkilemektedir. Örneğin çelik malzemede artan karbon oranına bağlı olarak elde edilen kaynak dikişinin kırılma tokluğu düşmektedir. Malzemelerin kimyasal bileşimlerine göre içerdikleri karbon oranı arttıkça, kaynak dikişinin sertliği artmakta ve buna bağlı olarak da dikişin kırılma tokluğu düşmektedir. Kimyasal bileşimleri ve ergime noktaları çok farklı olan malzemelerin geleneksel ergitme kaynak yöntemleri ile birleştirilmeleri mümkün değil iken laser ışın kaynağı ile bu tür farklı metallerin birleştirilmesi mümkün olmaktadır (Karaaslan, 2009).

Aluminyum alaşımlarının laser kaynağında katılaşma çatlağının ortaya çıkışı, alaşımların kimyasal bileşimi, mikroyapısı ve kaynak süresince termal gerilmelerin büyüklüğü ve oranıyla yakından ilişkilidir. Kimyasal kompozisyonlara bakarsak, Al-Si alaşımlarında %0.6 Si, Al-Cu alaşımlarında %1-3 Cu, Al-Mg alaşımlarında %1-1.5 Mg ve Al-Mg-Si alaşımlarında %1 Mg_2Si olduğu zaman aluminyum alaşımlarının en yüksek katılaşma çatlak hassasiyeti olduğu görülmektedir (Zhao et al., 1999). Yumuşak çelik, karbon oranı %0.22' den düşükse kaynaklanabilir. Korozyon dayanımı için çinko gibi alaşım elementleri içeren ya da çinko kaplamalı malzemeler özellikle bindirme bağlantı tipinde çinkonun önce buharlaşmasından dolayı sorun yaratmaktadırlar (Schmidt et al., 2008).

6.4.4.3. Malzeme kalınlığı

Laser kaynağı ile birleştirilecek olan parçaların maksimum kalınlığı laser ışın gücüyle sınırlıdır (Ready, 2002). Kaynak işlemlerinde endüstriyel olarak kullanılan laserler ile genel olarak 20 mm kalınlıkta levhalar kaynatılabilmektedir. Bu kalınlık hibrit kaynak yöntemi kullanılmasıyla 30 mm ye kadar çıkmaktadır (Jokinen, 2004). Şekil 6.31' da farklı kalınlıklardaki A36 malzeme için kaynak hızı ve laser gücü arasındaki ilişki gösterilmektedir.

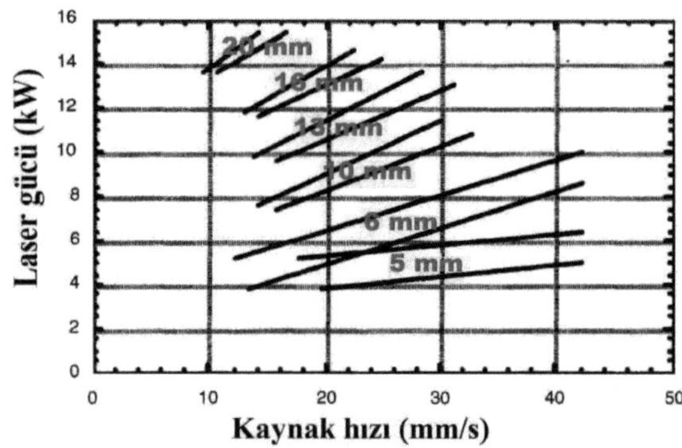

Şekil 6.31. Farklı kalınlıklarda A36 çeliği için kaynak hızı ve laser gücü arasındaki ilişki (Ready, 2002).

1-3 mm kalınlıklara sahip malzemeler genellikle otomotiv endüstrisinde ve son zamanlarda gemi inşa endüstrisinde kullanılmaktadır. Bu kalınlıklarda malzemeler kaynak edildiği zaman, odak pozisyonu genellikle malzeme yüzeyine ayarlanır. 4-12 mm kalınlığındaki malzemeler ağırlıklı olarak petrol boru hatlarında ve gemi inşaasında kullanılmaktadır. Bu kalınlıkta malzemelerin kaynak işlemlerinde, uygun kaynak hızında ve ihtiyaç duyulan nüfuziyet derinliğinde bağlantılar gerçekleştirmek için en azından 5 kW gücünde laser cihazlarına gereksinim duyulmaktadır (Ready, 2002).

Derin nüfuziyet kaynak yöntemiyle malzemelerin kaynak işlemi, özellikle kalın sacların kaynak edilmesi için uygun olan bir yöntemdir. Bu yöntemin performansı sacın kalınlığına çok bağlıdır. Örneğin 0.1 mm kalınlığında paslanmaz çelik sac 1200 W laser gücünde 20 m/dak hız ile kaynatılabildiği halde, 1.55 mm kalınlığındaki paslanmaz çelik sac 2250 W laser gücünde 3 m/dak hız ile kaynatılabilmektedir (Tarakçıoğlu ve Özcan, 2004). Birinci durum için kaynak performansı;

$$\frac{(0.0001 \times 20)}{1200} = 0.00166 \frac{m^2}{kWdak} = 0.0996 \frac{m^2}{kWh}$$

iken, ikinci durum için kaynak performansı;

$$\frac{(0.00155 \times 2)}{2250} = 0.0021 \frac{m^2}{kWdak} = 0.126 \frac{m^2}{kWh}$$

olmaktadır (Tarakçıoğlu ve Özcan, 2004).

6.5. Laser Kaynağında Karşılaşılan Hatalar

Kaynak dikişi, önceden belirlenen derinlik ve genişlik gibi geometrilerin yanı sıra kalite gereksinimlerini de karşılamak zorundadır. Çatlaklar, boşluklar ve diğer kusurlar genellikle kaynak dikişinin dayanımını azaltır. Bu yüzden bu tür hataların oluşmasından kaçınmak ya da bu hataları kabul edilebilir ölçülerde tutmak gerekir. Bu kusurların birçoğu ergiyik havuzundaki düzensizliklerden kaynaklandığı için istikrarlı bir kaynak prosesi başarmak büyük bir sorundur (Webb and Jones, 2004). Şekil 6.32' de laser kaynağında karşılaşılan genel hatalar şematik olarak gösterilmiştir. Şekil 6.33' de ise kaynaklı bağlantıda çatlak oluşumları gösterilmiştir.

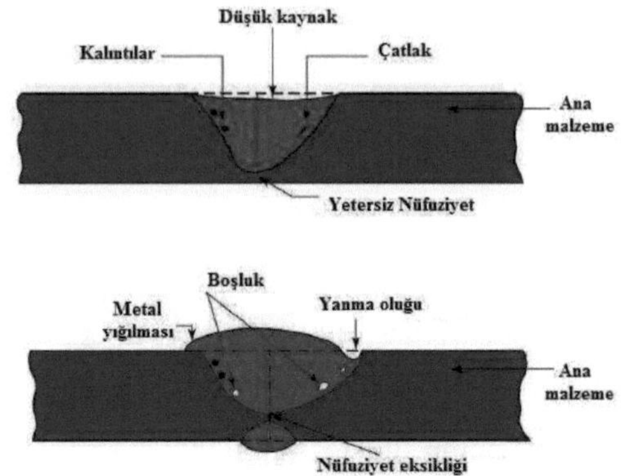

Şekil 6.32. Genel kaynak hataları (Kalpakjian and Schmid, 2006).

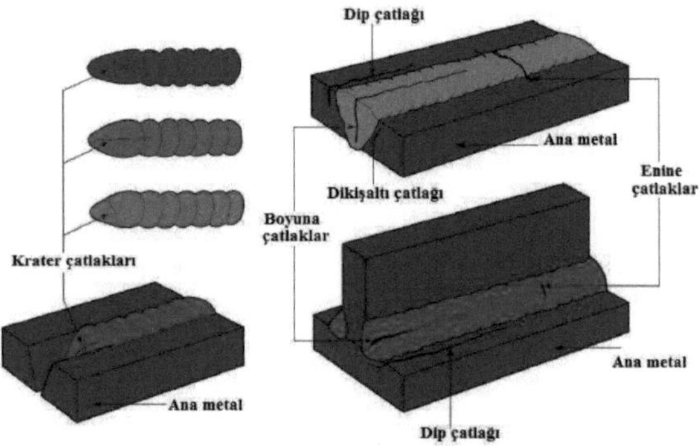

Şekil 6.33. Kaynaklı bağlantıda oluşan çatlaklar (Kalpakjian and Schmid, 2006).

Çatlaklar, genellikle iki boyutlu yani düzlemsel uzanan sınırlı malzeme ayrılmalarıdır. Büyüklüklerine göre makro ve mikro çatlaklar, konumlarına göre boylamasına, enlemesine ve uç krater çatlakları, oluşum şartlarına göre sıcak çatlaklar, soğuk çatlaklar ve katılaşma çatlağı, ergime çatlağı, büzülme çatlağı, sertleşme çatlağı, hidrojen çatlağı ve lamelar çatlak gibi türleri mevcuttur (Anık ve Vural, 2007).

Sıcak çatlaklar, malzemenin soğuma aralığı süresince büzülme gerilmelerinin olduğu katı-sıvı fazlarıyla ortaya çıkabilir. Otomotiv endüstrisinde yaygın bir şekilde kullanılan yaklaşık %1 Si içeren 6000 serisi sertleşebilir aluminyum alaşımları sıcak çatlak oluşumuna karşı yüksek hassasiyete sahiptir. Ayrıca soğuma süresince oluşan, sıcak çatlaklar kaynak hızına da bağlıdır. Birkaç m/dak üzerindeki kaynak hızlarında çatlaklardan kaçınmak için bir dolgu metali kullanmak gerekebilir. Genellikle yüksek Si ya da Mg alaşımlı dolgu teli, sıcak çatlak hassasiyeti olmayan bir alaşım oluşturmak için ergime bölgesine eklenir. Tel şeklinde bir dolgu malzemesi kullanmak yerine toz da kullanılabilir (Webb and Jones, 2004).

Aluminyum alaşımlarında çatlak, genellikle aluminyumun nispeten yüksek termal genleşmesi, katılaşma hacmindeki büyük değişim ve geniş katılaşma sıcaklık aralığının bir sonucu olarak ortaya çıkabilir. Laser kaynağındaki çatlak oluşma mekanizması ark kaynağındakine benzer olarak değerlendirilir. Fakat kaynak metali çatlamasının büyüklüğü, laser kaynağıyla daha düşük ısı girişinden dolayı ark kaynağı durumundakine kıyasla daha azdır (Batahgy and Kutsuna, 2009).

Gözenek (boşluklar) olarak adlandırılan hatalar; kaynak esnasında meydana gelen gazların ergiyik havuzunu terk edemeyerek içerde hapsolması veya tam yüzeyde iken katılaşmanın tamamlanması neticesinde ve bazen de metalin kendini çekmesi dolayısıyla meydana gelirler. Boşluklar, düzenli veya gelişigüzel dağılmış olarak metal içerisinde veya dikiş yüzeyinde bulunabilirler (Anık, 1991). Gözenekler üç şekilde ortaya çıkar: kalınlık boyunca üfleme delikleri, büyük düzensiz gözenekler ve küçük küresel gözenekler (Naeem and Jessett, 2001; Jones, 2003). Şekil 6.34 a' da kaynak havuzunun dibinde yuvarlak şekilli gözenek oluşumu, Şekil 6.34 b' de ergime bölgesinde düzensiz şekilli gözenek oluşumu görülmektedir.

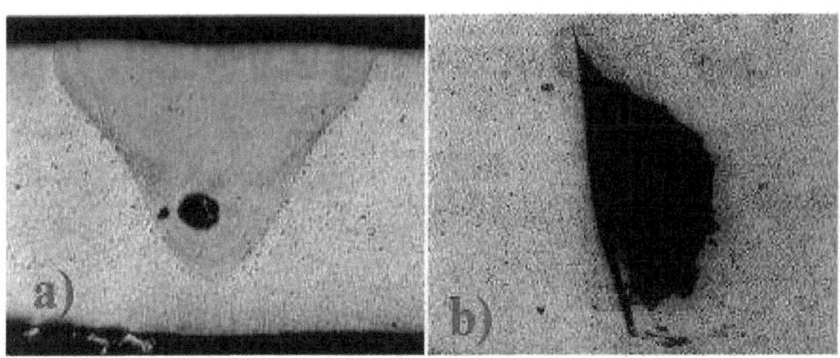

Şekil 6.34. 5754 aluminyum alaşımının Nd:YAG laser kaynağında görülen tipik gözenek oluşumları (Zhao et al., 1999).

Genel olarak dikiş geometrisi ve ergime havuzunu destekleyen sıvının yüzey gerilimi aluminyum alaşımlarının kaynağında büyük bir sorun oluşturmaktadır. Kaynak dayanımında azalmanın yanı sıra çarpılmalar da (distorsiyonlar) beklenir. Bunun yanı sıra ele alınması gereken kaynak metali ana kusurlarından biri gözenekliliktir (Kristensen et al., 2001). Aluminyum alaşımlarının kaynağında gözenek oluşumunun nedeni, aluminyumun hidrojen çözünürlüğünün sıvı halde katı haldekinden çok daha yüksek olmasıdır. Bu yüzden katılaşma sırasında açığa çıkan hidrojen gazı gözenek oluşturur (Batahgy and Kutsuna, 2009). Aluminyum alaşımlarının laser kaynağında kabul edilmeyen porozitenin, nispeten düşük sıcaklıklarda buharlaşabilen magnezyum gibi çabuk buharlaşabilen alaşım elementlerinin varlığından kaynaklandığı da düşünülmektedir (Batahgy and Kutsuna, 2009). Vakum ortamında yapılan elektron ışını kaynak yöntemi gözenek açısından en avantajlı ergitme kaynak yöntemidir. Fakat yüksek sıcaklıkların söz konusu olduğu elektron ışın kaynağı, vakum ortamında yapıldığı için düşük buharlaşma sıcaklığına sahip alaşım elementleri içeren Al alaşımlarında kaynak dikişinde alaşım elementi kaybı dolayısıyla mukavemet düşüşü problem olarak karşımıza çıkmaktadır (Çam, 2005).

Sıçrantılar, kaynak işlemi sırasında ergiyik havuzundan çıkan kaynak dikişi ya da ana metalin yüzeyine yapışan sıvı parçacıklarıdır. Sıçrantılar normal olarak kaynak işleminden sonra mekanik olarak temizlenir ve kaynağın mekanik özelliklerini etkilemez. Derin nüfuziyet kaynağı süresince meydana gelebilen keyhole kararsızlıkları ya da alaşım elementlerinin uçuculuğundan ortaya çıkabilir. Uçucu alaşım elementlerinin buharlaşması, katı çözelti sertleştirmesi işlemi olan alaşımlarda kaynak dikişini zayıflatır. Örneğin, magnezyum kaybı 5000 serisi aluminyum alaşımlarının kaynak dikiş dayanımını azaltır (Ion, 2005). Kaynak sıçrantıları, çok yüksek hızlarda meydana gelebilir (European Standard, 2005).

Şekil 6.35' de aluminyumun derin nüfuziyet kaynak işleminde karşılaşılabilen kaynak hataları gösterilmiştir. Resmin solunda görülen hatalar, laser prosesiyle ilişkili, sağda görülen hatalar ise malzeme özellikleriyle ilişkilidir.

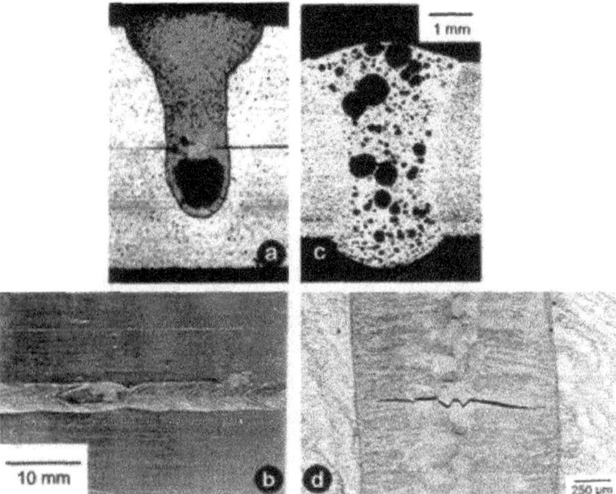

Şekil 6.35. Aluminyumun laser kaynağındaki olası kaynak hataları, a) gözenek oluşumu b) sıçrantılar c) hidrojen gözenekleri d) sıcak çatlak (Webb and Jones, 2004).

7. FARKLI METAL MALZEMELERİN LASER KAYNAĞI

Elektrik ark kaynağı, gazaltı ark kaynakları (MIG-MAG ve TIG) gibi ergitme esaslı kaynak yöntemleri farklı metallerin birleştirilmesinde 1950' lerden bu güne kadar yaygın olarak kullanılmaktadır. Farklı metallerin farklı fiziksel ve kimyasal özelliklere (ısı iletim katsayısı, ısıl genleşme katsayısı ve ergime sıcaklığı gibi) sahip olması nedeniyle kaynak bölgesinin özellikleri de birleştirilecek metallerin özelliklerinden çok farklı olacaktır. Kaynak işlemi esnasında özellikle kaynak bölgesi, büyük ısıl gerilmelere, aşırı karbon difüzyonuna, mekanik ve metalurjik düzensizliklere ve atmosferin zararlı etkilerine maruz kalmaktadır. Bu problemler, kaynaklı bağlantı çalışma ortamında özellikle dinamik yüklere maruz kaldığında ani hasarlar oluşturmaktadır. Kaynak bölgesinde meydana gelen bu hasarları önlemek için yüksek enerji yoğunluklu ışın kaynak yöntemleri geliştirilmiştir. Bunlar, laser ışın kaynak yöntemi ve elektron ışın kaynak yöntemleridir (Çalık, 2004).

Günümüz imalat sanayinde sektörlerin ihtiyaç duyduğu malzeme özellikleri çok çeşitli olmaktadır. Teknolojik gereksinimler ya da ekonomik sebeplerden dolayı farklı özelliklere sahip malzemelerin bir arada kullanılması ihtiyacı hissedilmektedir. Kaynak tekniklerinin her geçen gün ilerlemesi, üreticilerin farklı malzemelerin bir arada kaynak edilmesi gibi gerçekleştirilemeyen ya da gerçekleştirilmesi zor olan işlemlerin yapılabilmesine olanak sağlamıştır. Günümüzün en hızlı ilerleyen kaynak yöntemi olan laser kaynak tekniği çok küçük bir alanda yüksek güç yoğunluğu elde edilebilmesine olanak sağlaması sayesinde bu ihtiyaca en iyi şekilde cevap vermektedir.

Malzeme maliyetlerini azaltması ve tasarım esnekliği getirmesi sebebiyle farklı malzemelerin kaynağına giderek artan bir ilgi vardır. Bununla birlikte, kullanılan malzemelerin ergime ve kaynama noktaları, ısıl iletkenlikleri, yoğunluk ve ısıl genleşme katsayıları gibi fiziksel ve kimyasal özelliklerindeki farklardan dolayı farklı malzemelerin kaynağında, kırılgan fazların oluşumu, çatlaklar ve artık gerilmeler ortaya çıkabilmektedir. Bu alandaki çalışmalar sınırlıdır. Aluminyum-çelik, aluminyum-titanyum, bakır-çelik, titanyum-çelik, farklı magnezyum alaşımları ve farklı paslanmaz çelikler gibi malzeme çiftlerinin birleştirilmesi ilgi çekicidir. Farklı malzemelerin kaynaklarında kırılgan intermetalik fazların oluşmasının, kaynak işleminde düşük ısı girdisi uygulanarak azaltılabileceği vurgulanmıştır (Chen et al., 2010). Laser ışınının optik olarak iyi odaklanabilme kabiliyeti ve yüksek güç yoğunluğu sayesinde birçok metal ve metal alaşımı, benzer ve farklı metal çiftleri biçiminde değişik birleştirme türlerinde ağız hazırlığı gerektirmeden çok kısa bir sürede birleştirilebilmektedir (Kaluç ve Taban, 2004).

Farklı iki malzeme kombinasyonunda kullanılan malzemelerin metalurjik özellikleri, oluşan ergime bölgesinin karakteristiklerini belirler. Bunlar, kaynaklı bağlantının mekanik ve fonksiyonel özelliklerini etkiler. Düşük ergime noktası, yüksek uçuculuğa sahip alaşım elementleri, bağlantının mekanik dayanımını sınırlayan kırılgan intermetalik fazların çökelmesi (aluminyum ve çeliğin kaynağında oluşan Fe_xAl_y intermetalik fazları gibi) kaynak proseslerinde kararsızlıklar ortaya çıkarmaktadır. Birçok malzeme kombinasyonu için ergime bölgesinde belirli intermetalik fazların oluşumu büyük problemlere neden olur. Bu durumlar, malzeme bileşenlerinin birbirleri içinde çözünebilirliğinin düşük olmasından dolayı ortaya çıkabilir ve genellikle yüksek sertlik ve kırılganlık ile sonuçlanır. Farklı metallerin yüksek kaynak bağlantı dayanımına sahip olması için ergimiş kaynak havuzunda bu intermetalik fazların oluşumundan ziyade katı çözeltinin oluşumuna ihtiyaç duyulur. Fakat, farklı metal malzemelerin kaynaklı birleştirmelerinde intermetalik fazların oluşumu kaçınılmaz bir durumdur. Bu yüzden ergime bölgesinde intermetalik fazların kalınlıklarını minimize etmek önemlidir (Theron et al., 2007).

Farklı malzemelerin ısıl birleşmesi sırasında önemli rol oynayan intermetalik fazların oluşumu, sıcaklık ve zaman döngüsüyle ilişkili olarak ortaya çıkmaktadır. İntermetalik faz oluşumuyla birlikte bağlantı bölgesinde kırılganlık gözlenir. Eğer, yüksek tokluk ve dayanıma sahip bağlantılar gerekliyse, intermetalik faz oluşumunun minimum boyutta tutulması gerekir. Burada dikkate alınması gereken ana etkenler, ergiyik havuzunun boyutlarını azaltmak ve toplam ısı girdisini sınırlamaktır. Bu değerlendirmeler altında laser kaynak bağlantısı bu gibi teknik istekler için mükemmel bir araçtır. Laser ışınlarının küçük nokta çapından dolayı yerel olarak yüksek enerji yoğunlukları elde edilebilmektedir. Bu sayede ergiyik havuzu boyutu azalmakta ve yüksek kaynak hızlarında bağlantılar gerçekleştirilmektedir. Laser kaynaklı birleştirmeler sırasında ergiyik havuzunun hızlı soğumasının da intermetalik faz oluşumunun sınırlandırılmasında olumlu bir etkisi vardır (Potesser et al., 2006; Wagner et al., 2004).

Birbirleri içerisinde sınırlı bir çözünürlüğe sahip metal alaşımlarının ergiyik havuzu katılaştığında belli oranlarda yeni fazlar oluşmaktadır. Bu yeni fazlar, her iki bileşenden farklı yapılar içermektedir ve intermetalik bileşikler (metaller arası bileşik) olarak adlandırılırlar. İntermetalik tabakanın özellikleri, ana metallerin özelliklerinden farklıdır ve daha az plastik şekillendirilebilirlik, düşük yoğunluk ve düşük iletkenliğe sahiptirler (Callister, 2007). İntermetalik tabakanın kalınlığı sıcaklık ve zamana bağlı olarak katılaşma tamamlanana kadar artmaya devam eder.

Kaynaklı birleştirmelerde kaynak hızı yavaş olduğu zaman, aşırı ısı girdisi vardır ve soğuma hızı yavaştır. Bu durum, aluminyum malzemeli farklı metallerin kaynağında büyük miktarda aluminyumca zengin kırılgan intermetalik bileşikler içeren kalın arayüz tabakasının oluşumu için zaman yaratır. Kaynak hızı yüksek olduğu zaman, aluminyumun ergimesi ve difüzyon olayının meydana gelmesi için uygun ısı ve zaman vardır. Bu yüzden, kaynak hızı değiştiğinde ara yüzeydeki ısıl çevrimlerin değişiminin, intermetalik tabakanın oluşumunda etkisi olduğu düşünülür. İntermetalik tabakanın kalınlığı 10 μm altında tutulabilirse iyi bir kaynak bağlantısı elde edildiği görülmektedir (Ozaki et al., 2010). Şekil 7.1' de intermetalik tabaka kalınlığına bağlı olarak kaynaklı birleştirmelerin çekme dayanımları görülmektedir.

Çelik-aluminyum malzeme çiftinin laser kaynağında, arayüzeyde oluşan intermetalik tabakanın kalınlığı aluminyum ergiyiğinin viskozitesine bağlıdır ve ergiyik havuzuna element girişinin artması viskoziteyi düşürmektedir. Örneğin Si, Cu ve Be gibi elementlerin intermetalik tabakanın oluşumunu engellemekte büyük etkiye sahip oldukları bilinmektedir; bu nedenle söz konusu elementler arayüzey tabakasının kalınlığını oldukça düşürürler (Karaaslan, 2009).

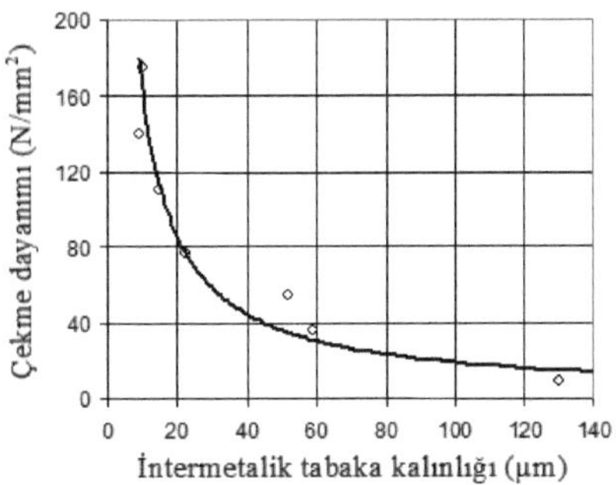

Şekil 7.1. İntermetalik tabaka kalınlığının bağlantı mukavemetine etkisi (Sözer, 2010).

Farklı metallerin kaynaklı birleştirmelerinde kaynak dikiş karışımını etkileyen en önemli faktörlerden biri malzemelerin bileşimidir. Kaynak dikişini oluşturan karışım oranlarını, esas metallerin bileşimi, kaynak yöntemi, birleştirme yöntemi ve ilave metal kullanılıp kullanılmaması belirler. Kaynağın geçiş bölgesinde (kaynak dikişi ile IEB arasında) dengesiz (kararsız) intermetalik faz oluşumu çok yaygındır. Bunun sebebi ergime esnasında tam karışım olmaması, alaşım elementlerinin etkisi ve soğuma hızıdır (Çalık, 2004).

Farklı metallerin kaynaklı birleştirmelerinde oluşan intermetalik bileşiklerin çatlak hassasiyeti, tokluğu, korozyon hassasiyeti incelenmelidir. İntermetalik bileşenin mikroyapısı son derece önemlidir. Bazı durumlarda, başarılı bir bağlantı gerçekleştirmek için her bir metalle çözünebilen üçüncü bir metalin kullanımı gerekli olabilir. Bunun bir örneği olarak çelik ve bakır malzemeyi kaynak etmek gösterilebilir. Bu iki metal birbirleri içinde çözünebilir değildir, fakat nikel onların her ikisiyle çözünebilir bir malzemedir (Mackwood and Crafer, 2005). Bu yüzden, ara metal olarak nikel kullanılmasıyla iyi bir bağlantı gerçekleştirilebilir. Bu işlemde nikelin ara metal olarak iki şekilde kullanımı olabilir; (Key to Metals, 2011).

- Nikel parça kullanmak,

- Çeliğin üzerinde nikel tabakası oluşturmak, örneğin; nikel ile yüzeyi kaplamak.

Bir başka uygulama örneği olarak, alın bağlantı tipinde birleştirilecek iki malzeme arasına uygun bir malzemeden (0.1-0.5 mm kalınlık) folyo konularak sünek bir dikiş kalitesine ulaşmak mümkündür. Örnek olarak, sert metal ile çeliğin birleştirilmesinde, Co veya Ni esaslı ara folyo ile yapılan kaynaklı birleştirmede, istenmeyen bölgesel bir sertleşme ve difüzyon olayından uzaklaşılmaktadır (Gültekin, 1991).

Farklı malzeme çiftleri olan aluminyum-çelik ve aluminyum-titanyum kombinasyonları endüstriyel uygulamalar için oldukça önemlidir. Spesifik malzeme özelliklerine göre TIG ve MIG gibi konvensiyonel kaynak teknikleri ile birleştirilmesi sırasında intermetalik fazların oluşumu ve bağlantı bölgesinde çatlak oluşumu gibi ağır problemlere sebep olan bu malzeme kombinasyonlarının ergime noktaları ve ısıl iletkenlikleri arasında büyük fark vardır (Potesser et al., 2006; Wagner et al., 2004). Aluminyum-çelik ve aluminyum-titanyum gibi farklı metallerin birleştirilmesi, laser ışınının yerel olarak düşük ısı girdisinden dolayı laser kaynağı ile gerçekleştirilebilir. Yerel olarak düşük ısı girdisi, ısı dağılımının kontrol edilmesine ve birleştirilen malzemelerin en az düzeyde etkileşimine yardımcı olur. Birleşme süresince oluşan intermetalik fazlar belli bir büyüklüğe ulaşmaktadır. Bu intermetalik fazların kompozisyonuna bağlı olarak, kaynaklı bağlantının mekanik özellikleri etkilenmektedir. Yerel olarak düşük ısı girdisi, yüksek kaynak hızları ve soğuma oranlarından dolayı laser ışın kaynak yöntemi, intermetalik fazların aşırı oluşmasını engellemede etkili olmaktadır. İntermetalik bileşik tabaka kalınlığının 10 μm altında sınırlanması, bağlantının iyi mekanik özelliklere sahip olmasını sağlamaktadır (Wagner et al., 2004).

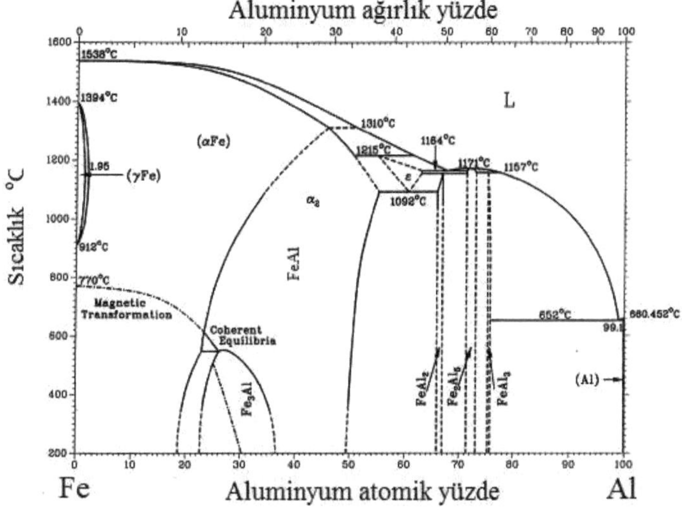

Şekil 7.2. Fe-Al denge diyagramı (Potesser et al., 2006; Wagner et al., 2004).

Şekil 7.2' de gösterilen Fe-Al faz denge diyagramının sol kenarında Fe içinde Al çözünebilirliğinin yüzde bir kaç aralığında olduğu görülmektedir. Aluminyum içeriği hacimce %12' yi aştığında intermetalik faz oluşumunu ortaya çıkar. Aluminyum içeriğine bağlı olarak sırasıyla Fe_3Al, FeAl, $FeAl_2$, Fe_2Al_5 ve $FeAl_3$ intermetalik fazları oluşur. Termodinamik hesaplamalardan, aluminyumca zengin fazların öncelikli olarak oluşacağı varsayılabilir. Genellikle, intermetalik fazlarda aluminyum içeriğinin artmasıyla artan 600-1100 HV aralığında yüksek sertlik değerleri elde edilir (Wagner et al., 2004). Çizelge 7.1' de intermetalik bileşiklerin Vickers sertlik değerleri görülmektedir.

Çizelge 7.1. Fe-Al kaynaklı birleştirmelerinde oluşan intermetalik bileşenlerin sertlik değerleri (Torkamany et al., 2009).

İntermetalik bileşikler	**Sertlik değerleri (Hv)**
Fe_2Al_5	1000-1100
$FeAl_2$	1000-1050
$FeAl_3$	820-980
FeAl	400-520
Fe_3Al	250-350

Fe-Al grubu intermetalik bileşiklerin katı hal özelliklerinin incelenmesindeki bulgulara göre, demirce zengin FeAl ve Fe_3Al fazları oldukça yüksek tokluğa sahipken, aluminyumca zengin $FeAl_3$ ve Fe_2Al_5 fazları yüksek sertlik ve kırılganlığa sahiptirler. Bu durum, Al tarafında oluşan intermetalik bileşik miktarı düşük tutulabilirse kaynaklı birleştirmede daha iyi sonuçlar elde edilebileceği anlamına gelmektedir (Katayama, 2004). Şekil 7.3' de bazı intermetalik bileşiklerin bası testi sonuçları görülmektedir.

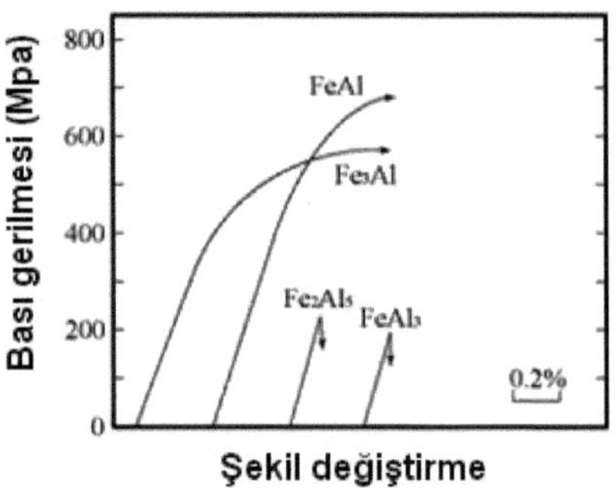

Şekil 7.3. Fe-Al intermetalik bileşiklerinin bası testinde akma eğrileri (Ozaki et al., 2010).

8. DENEYSEL ÇALIŞMALAR

8.1. Kullanılan Malzemeler

Bu çalışmada kullanılan malzemeler, DIN-EN 10130 normuyla tanımlanan otomotiv endüstrisinde yaygın olarak kullanılan 1.2 mm kalınlığında düşük karbonlu çelik (DC04) ile havacılık ve otomotiv endüstrilerinde geniş ölçüde kullanılan 2 mm kalınlığında AlMgSiCu (6061-T6) aluminyum alaşımı' dır. Kullanılan malzemelerin kimyasal özellikleri ve mekanik özellikleri sırasıyla Çizelge 8.1 ve Çizelge 8.2' de, ana malzemelerin mikro yapı görüntüleri ise Şekil 8.1' de gösterilmiştir.

Çizelge 8.1. Malzemelerin kimyasal analizleri (%).

Standart	C	P	S	Mn							
DIN-EN 10130 (DC04 çelik)	0,08	0,03	0,03	0,40							
	Si	Fe	Cu	Mn	Mg	Cr	Ni	Zn	Ti	Ga	V
AlMgSiCu (6061-T6 Aluminyum)	0,54	0,21	0,24	0,07	0,98	0,1	0,006	0,1	0,012	0,014	0,014

Çizelge 8.2. Malzemelerin mekanik özellikleri.

	Akma mukavemeti (MPa)	Çekme mukavemeti (MPa)	% Uzama (80 mm de)
DC04	210	280	38
6061-T6	240	290	12

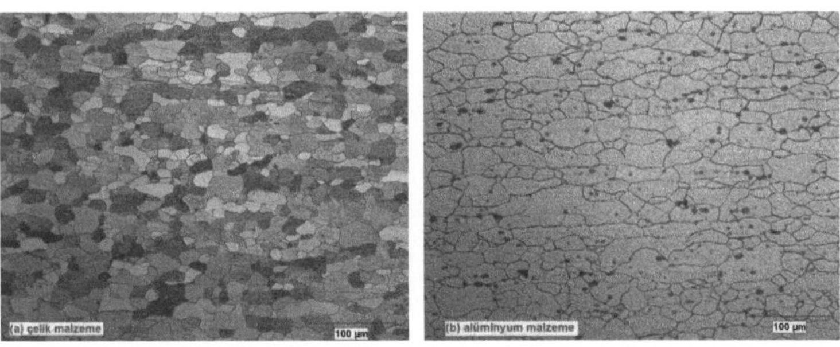

Şekil 8.1. Ana malzemelerin mikro yapıları: a) DC04 çelik, b) 6061-T6 aluminyum.

8.2. Malzemelerin Hazırlanması

Laser kaynak işlemleri için kullanılan çelik (DC04) ve aluminyum (6061-T6) levhalar, giyotin ile 100x50 mm boyutlarında kesilmiştir. Şekil 8.2' de malzeme boyutları görülmektedir.

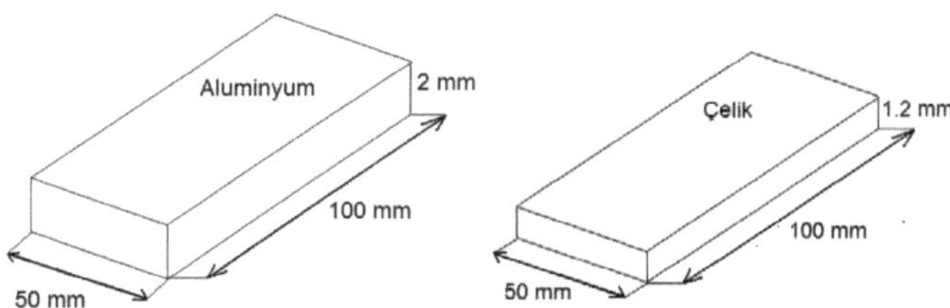

Şekil 8.2. Kaynak edilecek parçaların boyutları.

Giyotinde kesilmiş aluminyum parçalar, 1200 mesh' lik SiC taneli zımpara kağıdı kullanılarak parlatılmış ve aseton ile yüzeyleri temizlenmiştir. Çelik parçalar sadece aseton ile temizlenerek yüzeylerinde bulunabilecek kirlerden arındırılmıştır.

Kaynaklı birleştirilecek olan parçalar, birleşme bölgesinde boşluk kalmasını engellemek amacıyla özel olarak imal edilmiş bir bağlama düzeneğiyle (fikstürle), aluminyum üzerine çelik olacak şekilde bindirme bağlantı tipinde sıkıştırılmıştır. Şekil 8.3' de parçaları sabitlemek için kullanılan bağlama düzeneği (fikstür) görülmektedir.

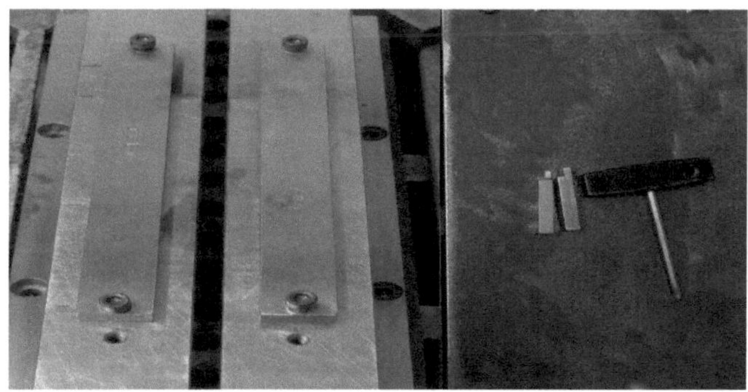

Şekil 8.3. Malzemeleri sabitlemek için kullanılan fikstür.

8.3. Kaynak Yöntemi

Çalışmada kullanılan malzemelerin kaynak işlemleri için, 6 eksenli KUKA robot kolu (Şekil 8.4) ile entegre çalışan, 200 mm odak uzaklığına sahip odaklama ünitesi ve kolimatör ünitesinden meydana gelen YW50 laser kafasına (Şekil 8.5) sahip, 1 mm fiber kablo ile ışın iletiminin gerçekleştiği, 1.06 μm dalga boyunda ışın üreten, BPP değeri 25 mm.mrad olan, 3 kW laser gücüne sahip Trumph/Haas marka, sürekli dalga (cw) Nd:YAG laser makinası kullanılmıştır (Şekil 8.6).

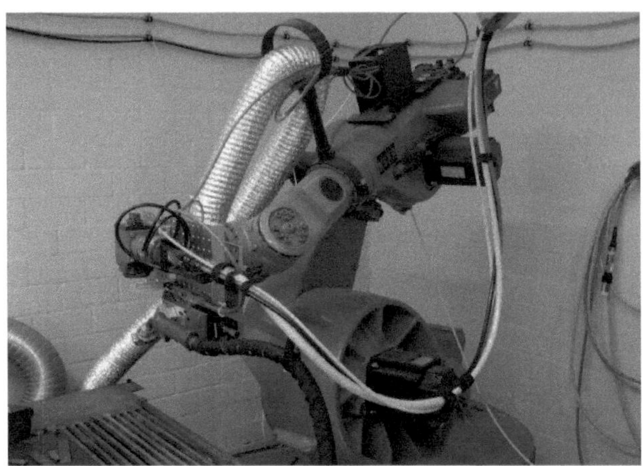

Şekil 8.4. 6 eksenli robot kolu.

Şekil 8.5. Laser kafası.

Şekil 8.6. Laser ışın üreteci.

Laser kaynak işlemlerinde koruyucu gaz olarak Argon gazı kullanılmıştır. Şekil 8.7' de koruyucu gaz donanımı görülmektedir. Koruyucu gaz, kaynak bölgesine kenar jet nozulu (off-axis/side jet nozzle) ile iletilmiştir (Şekil 8.8).

Şekil 8.7. Laser kaynak işlemi koruyucu gaz donanımı.

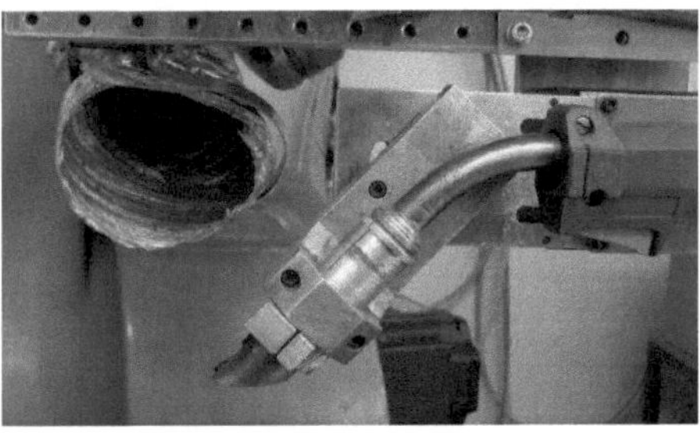

Şekil 8.8. Koruyucu gaz ve havalandırma tertibatı.

8.4. Laser Kaynak İşlemi

Laser kafasının odak noktası, üstte bulunan çelik malzemenin üst yüzeyi olacak şekilde belirlenmiştir. Dolayısıyla laser kafasının odak uzaklığı olan 200 mm değeri, çelik malzemenin üst yüzeyi sıfır noktası kabul edilerek ayarlanmıştır. Laser kafasından gelen ışınlar, kaynaklı birleştirilecek olan malzemelerin yüzeyine dik olarak uygulanmış ve koruyucu gaz debisi 20 l/dak olarak seçilmiştir.

Bindirme bağlantı tipinde kaynaklı birleştirilecek olan parçalar, aluminyum üzerine çelik olacak şekilde laser işlem tablasının üzerinde fikstürle sabitlenmiştir (Şekil 8.9).

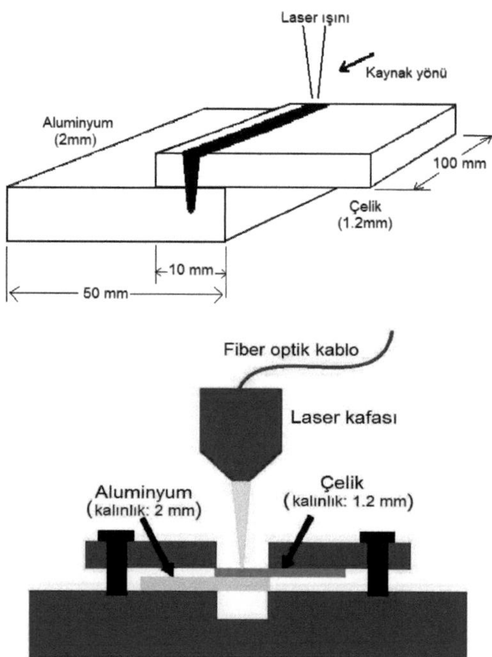

Şekil 8.9. Laser bindirme kaynak bağlantı tipi ve fikstür.

Laser kaynak işlemleri üç farklı durumda yapılmıştır;

1- Ara malzemesiz laser bindirme kaynağı,
2- 0.1 mm bakır ara malzemeli laser bindirme kaynağı,
3- 0.03 mm nikel ara malzemeli laser bindirme kaynağı.

Laser kaynakları, 2200-3000 W laser güç aralığı ve 60-100 J/mm ısı girdisi aralığında yapılmıştır. Her durumda 25 farklı deney koşulu için toplam 75 farklı deney numunesi hazırlanmıştır. Yukarıda bahsedilen 3 durum için laser kaynak parametreleri Çizelge 8.3' de gösterilmiştir.

Çizelge 8.3. Laser kaynak parametreleri.

Güç (W)	**Isı girdisi (J/mm)**	**Kaynak hızı (m/min)**	**Odak Noktası (mm)**	**Gaz Türü**	**Gaz Debisi (l/dak)**
2200	60	2,20	0.0	Argon	20
	70	1,90			
	80	1,65			
	90	1,47			
	100	1,32			
2400	60	2,40	0.0	Argon	20
	70	2,06			
	80	1,80			
	90	1,60			
	100	1,44			
2600	60	2,60	0.0	Argon	20
	70	2,23			
	80	1,95			
	90	1,73			
	100	1,56			
2800	60	2,80	0.0	Argon	20
	70	2,40			
	80	2,10			
	90	1,87			
	100	1,68			
3000	60	3,00	0.0	Argon	20
	70	2,57			
	80	2,25			
	90	2,00			
	100	1,80			

8.5. Mekanik Deneyler

8.5.1. Çekme-makaslama deneyi

Laser kaynak yöntemiyle kaynak edilmiş parçalardan, çekme-makaslama deney numunelerinin kesilmesi için tel erozyon makinası kullanılmıştır. Kaynaklı parçaların her birinden beşer adet numune çıkarılarak çekme-makaslama deneyi uygulanmıştır. En küçük ve en büyük değerli deney sonuçları çıkarılmış ve diğer üçünün ortalaması alınarak çekme-makaslama kuvveti belirlenmiştir. Şekil 8.10' da çekme-makaslama deneyinde kullanılan parçaların boyutları gösterilmiştir.

Laser kaynak bölgesi numunenin üst görünüşünde parçayı ikiye bölmektedir. Çekme-makaslama deneyi yapılacak parçaların iki ucuna çekme doğrultusunun kaymaması için destek parçaları konulmuştur. Çekme-makaslama deneyleri 100 kN' luk Shimadzu marka çekme cihazında yapılmıştır. Deneyler oda sıcaklığında ve 5 mm/dak çekme hızında gerçekleştirilmiştir.

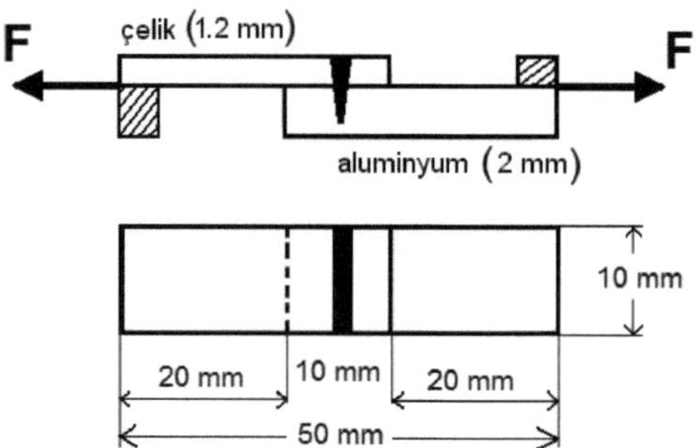

Şekil 8.10. Çekme-makaslama deneyi için kullanılan numune ölçüleri.

8.5.2. Sertlik deneyi

Çelik-aluminyum ara yüzeylerinde oluşan intermetalik fazları ve kaynakların yerel mekanik özelliklerini belirlemek amacıyla sertlik deneyleri yapılmıştır. Mikro sertlik ölçümleri için Wilson Wolpert marka vickers sertlik cihazı kullanılmıştır (Şekil 8.11). Kaynaklı parçaların sertlik dağılımlarının belirlenmesi için 100 gramlık deney yükü 10 saniye süreyle uygulanmıştır.

Bindirme bağlantı tipinde yapılan kaynaklarda, sertlik değerleri üç hat üzerinde alınmıştır. Birinci hat çelik tarafında ara yüzeyden 200 µm yukarıda, ikinci hat aluminyum tarafında ara yüzeyden 200 µm aşağıda yatay bir çizgi üzerinde, üçüncü hat kaynak dikişi ekseninde çelik tarafından aluminyum tarafına dik bir çizgi boyunca aşağıya doğrudur. Sertlik noktaları 100 µm aralıklarla alınmıştır (Şekil 8.12).

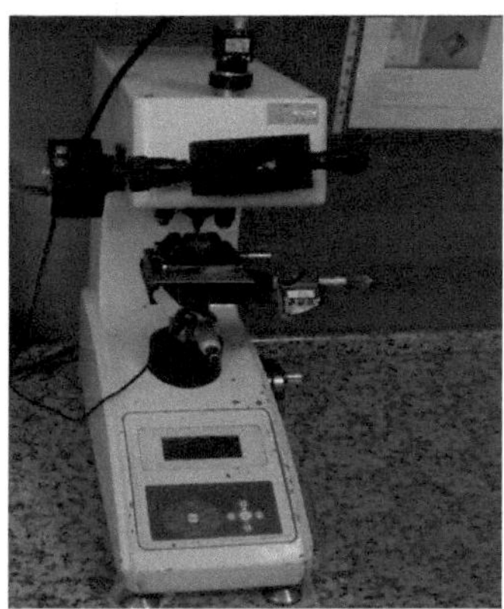

Şekil 8.11. Sertlik deneyleri için kullanılan vickers sertlik cihazı.

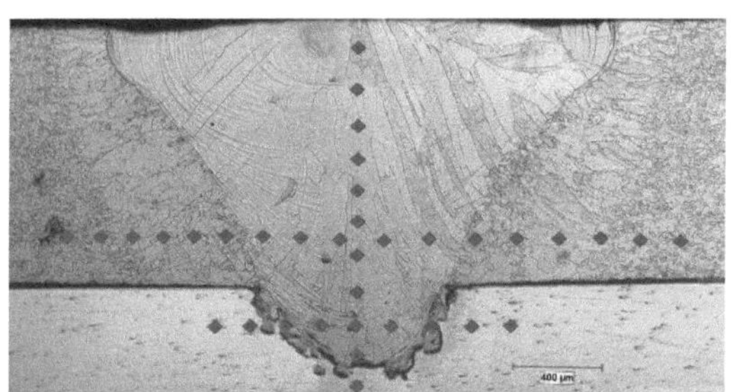

Şekil 8.12. Sertlik ölçüm noktaları.

8.6. Metalografik Deneyler

8.6.1. Kaynak dikiş yüzeylerinin incelemeleri

Laser kaynak parametrelerinin (kaynak hızı, laser gücü), kaynak dikişlerinde gözle görülen çatlaklar, çökmeler, sıçrantılar, kaynak dikiş genişliklerinin süreksizliği gibi kaynak hataları üzerine etkilerini değerlendirmek için kaynak dikişi üst görünüşlerinin gözle muayenesi yapılmıştır.

8.6.2. Optik mikroyapı incelemeleri

Optik mikroskop incelemeleri Nikon marka mikroskop (Şekil 8.13) ile 50X, 100X, 200X büyütmelerle yapılmıştır.

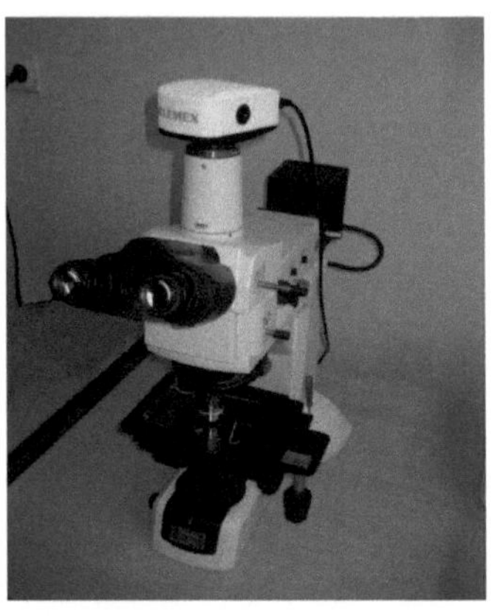

Şekil 8.13. Mikro ve makro yapı incelemeleri için kullanılan optik mikroskop.

Mikroyapı incelemeleri için kaynaklı parçalardan tel erozyon makinası ile numuneler kesilmiş, soğuk kalıplama yöntemiyle kalıba alınmış ve numunelerin kesitleri sırasıyla 400, 800, 1200, 2500 mesh' lik SiC taneli zımpara kağıtları ile zımparalanmıştır. Son parlatma işlemi, 3 µm ve 1 µm elmas süspansiyonlarla yapılmıştır. Parlatma işlemlerinden sonra aluminyum için Keller ayıracı (% 1 HF, % 1.5 HCl, % 2.5 HNO_3 ve H_2O), çelik için de Nital 4 ayracı (% 4 HNO_3) kullanılmıştır.

8.6.3. SEM-EDX Analizleri

Kaynaklı numunelerde, seyrelme bölgelerinin kimyasal kompozisyonunu ve sıvı aluminyuma sıvı çelik karışımı ile elde edilen ara yüzeyleri belirlemek için SEM-EDX analizleri gerçekleştirilmiştir.

SEM-EDX analizleri için JSM-6060 JEOL model Taramalı Elektron Mikroskobu (Şekil 8.14a) ve Philips XL-30S FEG model Taramalı Elektron Mikroskobu (Şekil 8.14b) kullanılmıştır.

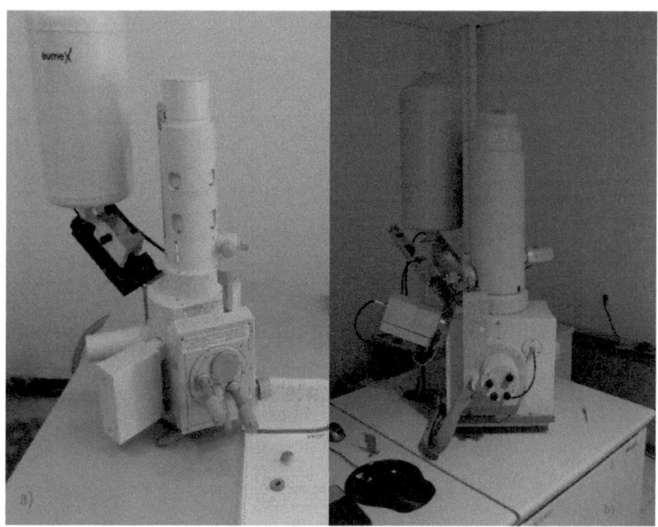

Şekil 8.14. SEM-EDX incelemeleri için kullanılan SEM cihazları.

9. DENEY SONUÇLARI

9.1. Mekanik Deney Sonuçları

9.1.1. Çekme-makaslama deney sonuçları

2200, 2400, 2600, 2800 ve 3000 W laser güçlerinde 60, 70, 80, 90 ve 100 J/mm ısı girdisine bağlı olarak, ara malzeme olmadan yapılan 25 adet, 0.1 mm bakır ara malzeme kullanılarak yapılan 25 adet ve 0.03 mm nikel ara malzeme kullanılarak yapılan 25 adet, toplamda 75 adet laser bindirme kaynaklı parçaların her birinden elde edilen çekme-makaslama kuvvetleri grafiklere aktarılmıştır.

Laser kaynak denemeleri yukarıda bahsedildiği gibi ara malzemesiz, bakır ara malzemeli ve nikel ara malzemeli olmak üzere üç farklı durumda gerçekleştirilmiştir. Şekil 9.3-9.7 arasında ara malzemesiz kaynakların, Şekil 9.8-9.12 arasında bakır ara malzemeli kaynakların, Şekil 9.13-9.17 arasında nikel ara malzemeli kaynakların 2200, 2400, 2600, 2800 ve 3000 W laser kaynak güçlerinde kaynak ısı girdilerine bağlı olarak çekme-makaslama kuvvet değerleri grafik olarak gösterilmiştir.

Grafikler incelendiğinde her üç farklı durum için 2200 W laser gücü uygulanmış olan parçaların (Şekil 9.3, 9.8, 9.13) çekme makaslama kuvveti 60 J/mm' den 100 J/mm' ye kadar bir artış göstermiştir. 2400-3000 W aralığında laser gücü uygulanmış parçaların (Şekil 9.4-9.7, Şekil 9.9-9.12, Şekil 9.14-9.17) çekme makaslama kuvveti 60 J/mm ve 100 J/mm aralığında belirli ısı girdisi değerine kadar yükselip sonradan alçalma eğilimine girmiştir.

Kaynaklı parçaların gözle incelemeleri sırasında numunelerin alt kısmındaki aluminyumda belirli laser gücü ve ısı girdisi değerlerinde dışarıya doğru çıkıntı olduğu ve daha yüksek ısı girdilerinde dışarıya doğru patlamalar olduğu görülmektedir (Şekil 9.1). Laser gücü ve malzemeye giren ısı girdisi değerine bağlı olarak bu çıkıntının görüldüğü numunelerin çekme-makaslama kuvvet grafiklerinde çekme-makaslama kuvvetinin azalmaya başladığı görülmektedir. Bu çıkıntının görülmesine dayanarak, kaynaklı parçanın alt kısmında aluminyumdaki kaynak nüfuziyetinin kaynaklı bağlantının dayanımını düşürecek derecede fazla olduğu söylenebilir.

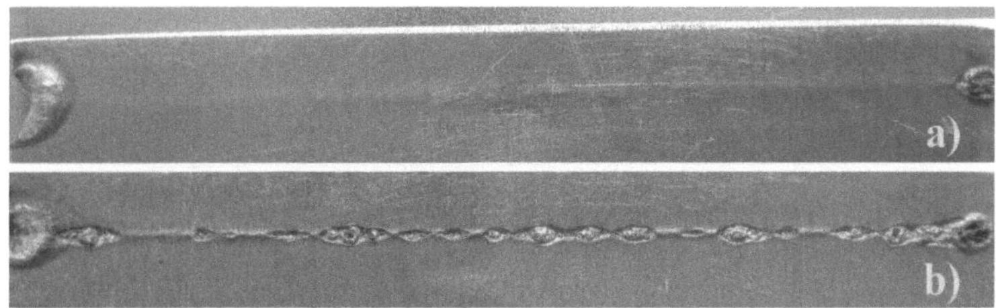

Şekil 9.1. Aluminyumun alt görünüşü. a) 2800 W-90 J/mm, b) 2800 W-100 J/mm.

Laser kaynak gücü ya da ısı girdisi artırılarak (aynı laser gücünde kaynak hızının azaltılması) laser derin nüfuziyet kaynağında anahtar deliği kanalı (keyhole buhar kanalı) uzunluğunun artmasıyla kaynak nüfuziyeti artmaktadır (Şekil 9.2). Çelik-aluminyum malzemelerin laser bindirme kaynağında (aluminyumun altta olduğu bağlantı tipi) alüminyum tarafında elde edilen nüfuziyet değerinin artması kaynak dayanımını düşürmektedir. Bu sonuç çekme-makaslama deneyleri yapılan kaynaklı parçaların nüfuziyet incelemelerinde doğrulanmıştır.

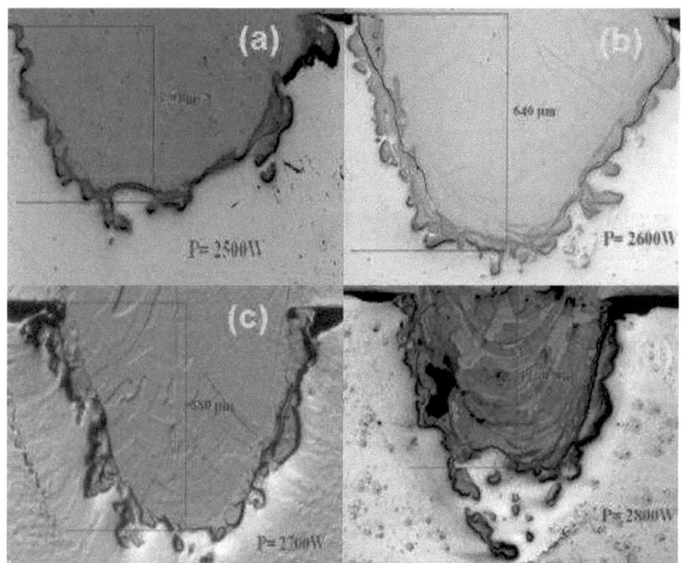

Şekil 9.2. Laser gücüne bağlı olarak nüfuziyet değişimleri. a) 2500 W için 390 μm, b) 2600 W için 640 μm, c) 2700 W için 880 μm, d) 2800 W için 1160 μm.

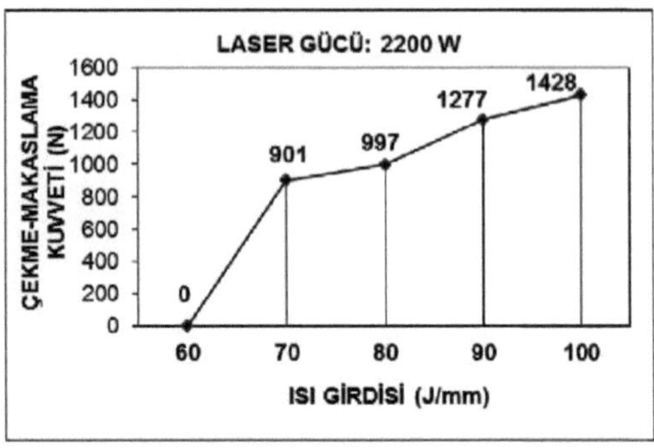

Şekil 9.3. 2200 W laser gücü uygulanan ara malzemesiz birleştirmelerin ısı girdisine bağlı olarak çekme-makaslama kuvvet değerleri.

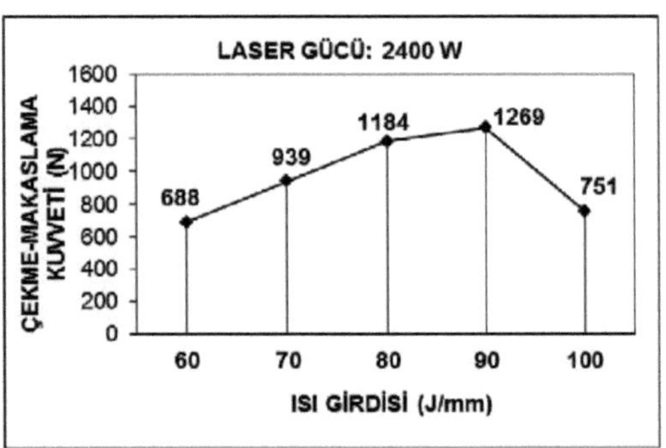

Şekil 9.4. 2400 W laser gücü uygulanan ara malzemesiz birleştirmelerin ısı girdisine bağlı olarak çekme-makaslama kuvvet değerleri.

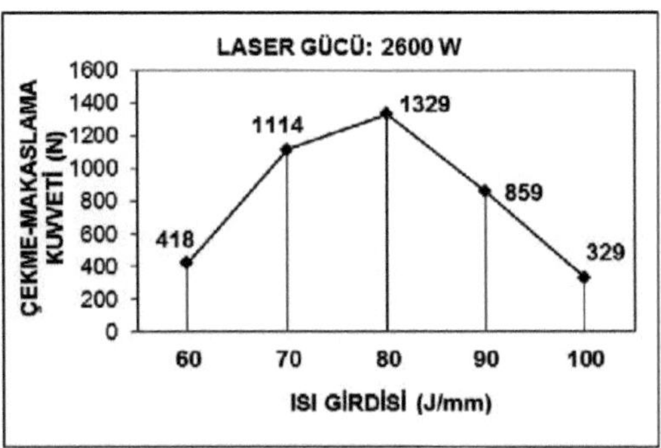

Şekil 9.5. 2600 W laser gücü uygulanan ara malzemesiz birleştirmelerin ısı girdisine bağlı olarak çekme-makaslama kuvvet değerleri.

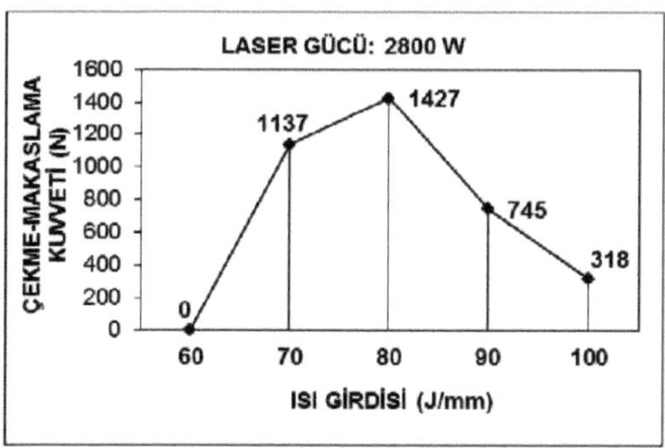

Şekil 9.6. 2800 W laser gücü uygulanan ara malzemesiz birleştirmelerin ısı girdisine bağlı olarak çekme-makaslama kuvvet değerleri.

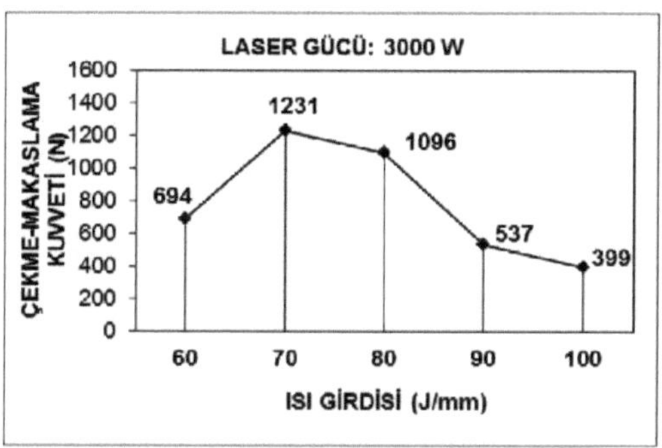

Şekil 9.7. 3000 W laser gücü uygulanan ara malzemesiz birleştirmelerin ısı girdisine bağlı olarak çekme-makaslama kuvvet değerleri.

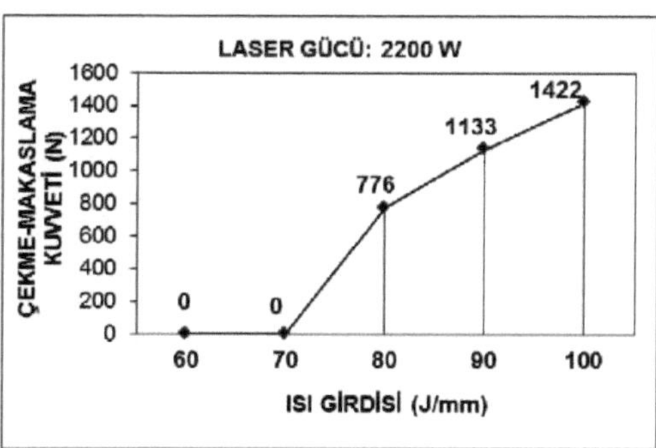

Şekil 9.8. 2200 W laser gücü uygulanan bakır ara malzemeli birleştirmelerin ısı girdisine bağlı olarak çekme-makaslama kuvvet değerleri.

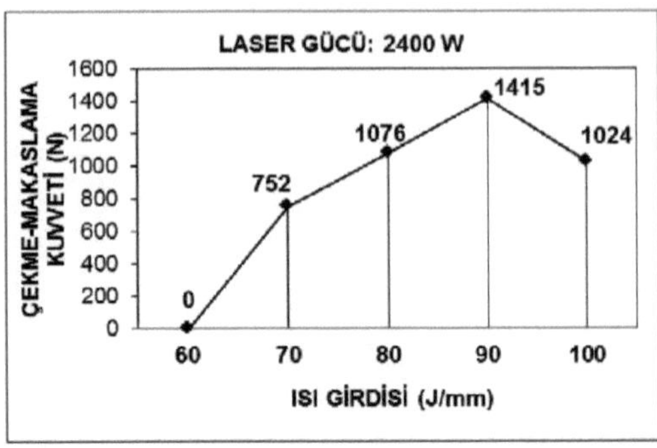

Şekil 9.9. 2400 W laser gücü uygulanan bakır ara malzemeli birleştirmelerin ısı girdisine bağlı olarak çekme-makaslama kuvvet değerleri.

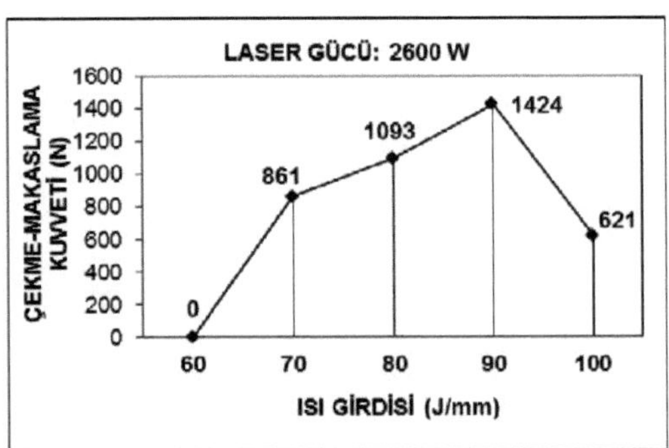

Şekil 9.10. 2600 W laser gücü uygulanan bakır ara malzemeli birleştirmelerin ısı girdisine bağlı olarak çekme-makaslama kuvvet değerleri.

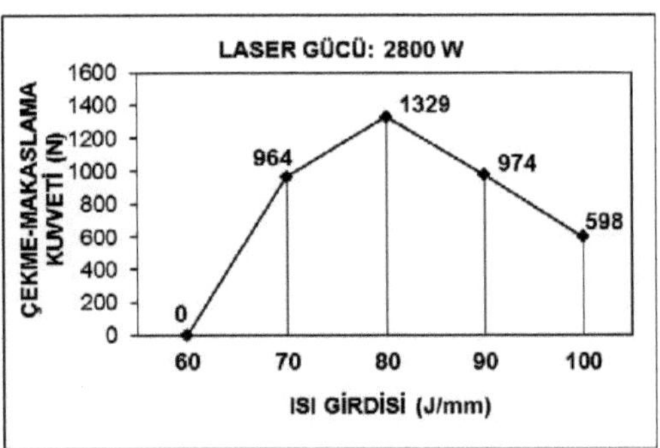

Şekil 9.11. 2800 W laser gücü uygulanan bakır ara malzemeli birleştirmelerin ısı girdisine bağlı olarak çekme-makaslama kuvvet değerleri.

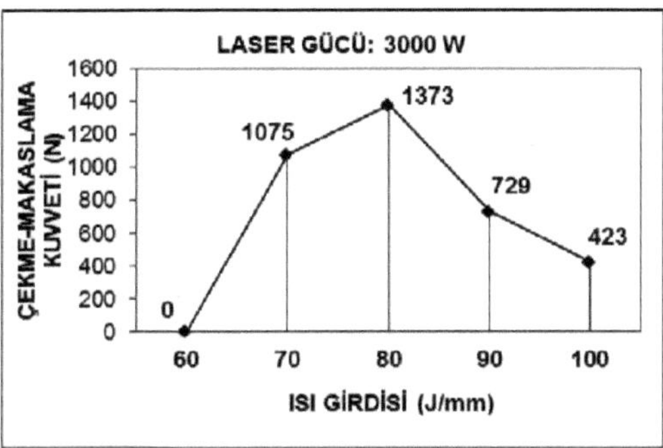

Şekil 9.12. 3000 W laser gücü uygulanan bakır ara malzemeli birleştirmelerin ısı girdisine bağlı olarak çekme-makaslama kuvvet değerleri.

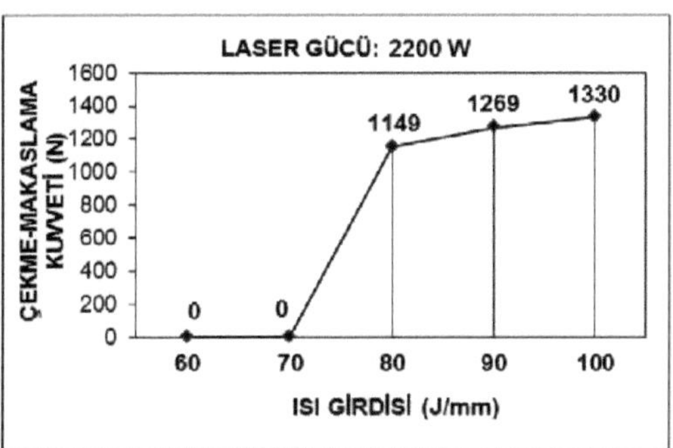

Şekil 9.13. 2200 W laser gücü uygulanan nikel ara malzemeli birleştirmelerin ısı girdisine bağlı olarak çekme-makaslama kuvvet değerleri.

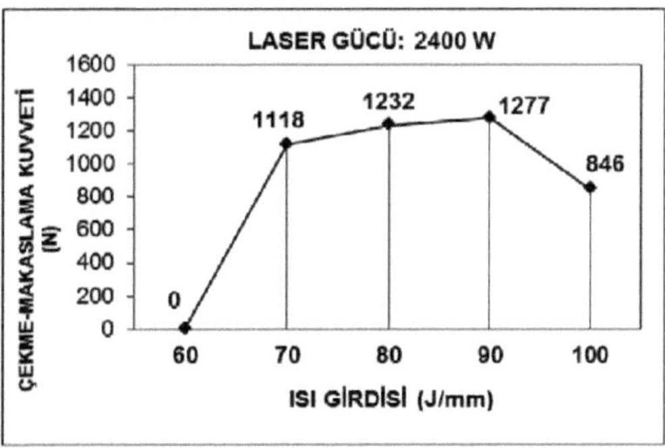

Şekil 9.14. 2400 W laser gücü uygulanan nikel ara malzemeli birleştirmelerin ısı girdisine bağlı olarak çekme-makaslama kuvvet değerleri.

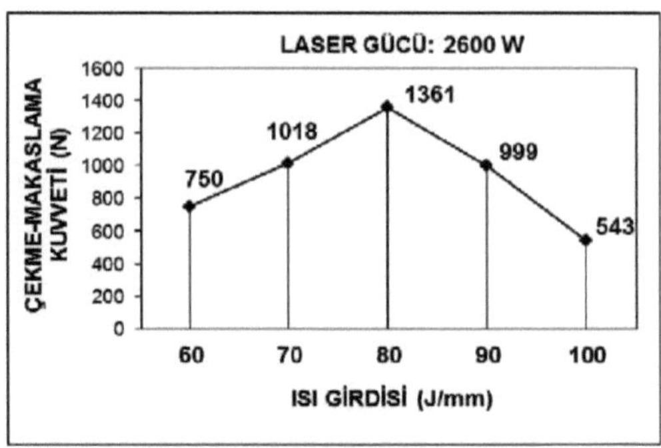

Şekil 9.15. 2600 W laser gücü uygulanan nikel ara malzemeli birleştirmelerin ısı girdisine bağlı olarak çekme-makaslama kuvvet değerleri.

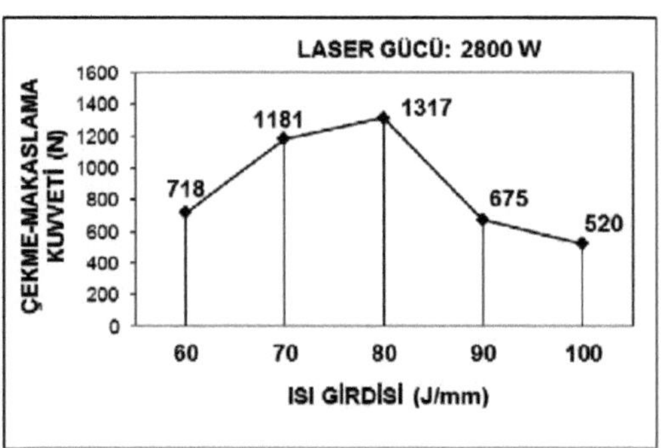

Şekil 9.16. 2800 W laser gücü uygulanan nikel ara malzemeli birleştirmelerin ısı girdisine bağlı olarak çekme-makaslama kuvvet değerleri.

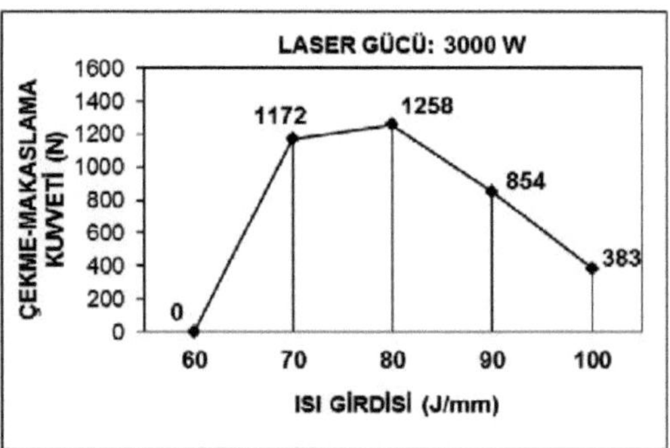

Şekil 9.17. 3000 W laser gücü uygulanan nikel ara malzemeli birleştirmelerin ısı girdisine bağlı olarak çekme-makaslama kuvvet değerleri.

Kaynak dayanımları, doğrusal dayanım (N/mm) göz önüne alınarak değerlendirilmiştir. Doğrusal dayanım, çekme-makaslama deneylerinde elde edilen çekme-makaslama kuvvetinin numune genişliğine (kaynak uzunluğuna) bölünmesiyle elde edilmektedir. En yüksek çekme-makaslama kuvvet değerlerine sahip deney numunelerinin doğrusal dayanım değerleri Çizelge 9.1' de görülmektedir.

Çekme-makaslama kuvveti-ısı girdisi grafiklerine (Şekil 9.3-9.17) bakarak üç farklı durum için her laser gücünde elde edilen en yüksek çekme-makaslama kuvvet değerleri Çizelge 9.1' de gösterilmiştir. Çekme-makaslama kuvvetleri ara malzemesiz birleştirmelerde 1231-1428 N aralığında, bakır ara malzemeli birleştirmelerde 1329-1424 N aralığında, nikel ara malzemeli birleştirmelerde 1258-1361 N aralığında elde edilmiştir.

Çizelge 9.1. En yüksek çekme-makaslama kuvveti elde edilen kaynak parametreleri.

	Laser gücü (W)	**Isı girdisi (J/mm)**	**Maksimum çekme-makaslama kuvveti (N)**	**Doğrusal dayanım (N/mm)**
Ara malzemesiz örnekler	2200	100	1428	**143**
	2400	90	1269	127
	2600	80	1329	133
	2800	80	1427	**143**
	3000	70	1231	123
Bakır ara malzemeli örnekler	2200	100	1422	**142**
	2400	90	1415	**142**
	2600	90	1424	**142**
	2800	80	1329	133
	3000	80	1373	137
Nikel ara malzemeli örnekler	2200	100	1330	**133**
	2400	90	1277	128
	2600	80	1361	**136**
	2800	80	1317	132
	3000	80	1258	126

Aluminyum ve çelik malzemelerin kaynağında, kullanılan malzemelerin farklı kimyasal ve fiziksel özelliklere sahip olmasından dolayı, kaynak metali-aluminyum ve kaynak metali-çelik arayüzeylerinin bu tür birleştirmelerde bağlantının zayıf bölgeleri olması muhtemeldir.

Çekme-makaslama deneyleri yapıldıktan sonra kopmuş numunelerin kırılma bölgeleri incelendiğinde;

- Ara malzemesiz olarak gerçekleştirilen kaynaklı birleştirmelerde kırılmanın aluminyum tarafında, ergime bölgesi ile aluminyumun birleşme arayüzeyinde olduğu ve ergimiş kaynak metalinin bütünüyle çelik tarafında kaldığı görülmüştür (Şekil 9.18).
- Bakır ara malzeme kullanılarak yapılan kaynaklı birleştirmeler için 2200 W laser gücü ve 100 J/mm ısı girdisi, 2400 W laser gücü ve 90 J/mm ısı girdisi parametreleriyle gerçekleştirilen deney örneklerinde kırılmanın aluminyum tarafında ergime bölgesi ile aluminyumun birleşme arayüzeyinde olduğu ve ergimiş kaynak metalinin bütünüyle çelik tarafında kaldığı, 2600 W laser gücü ve 90 J/mm ısı girdisi parametreleriyle gerçekleştirilen örneklerde ise kırılmanın çelik tarafında ısıdan etkilenmiş bölgede (IEB) olduğu görülmüştür.
- Nikel ara malzeme kullanılarak yapılan kaynaklı birleştirmelerde kırılmanın aluminyum tarafında ergime bölgesi ile aluminyumun birleşme arayüzeyinde olduğu ve ergimiş kaynak metalinin bütünüyle çelik tarafında kaldığı görülmüştür.

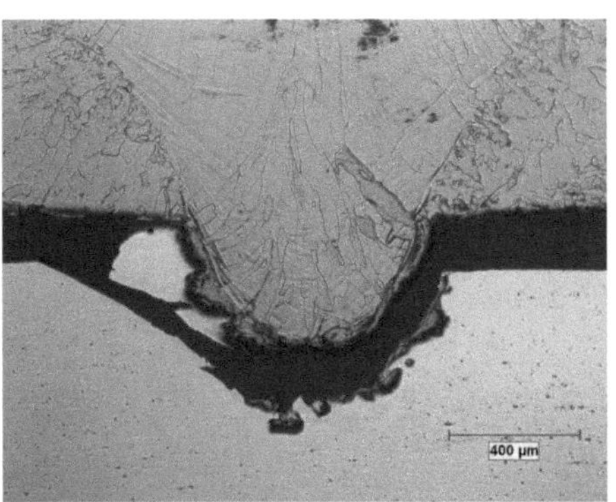

Şekil 9.18. 2800 W laser gücü ve 70 J/mm ısı girdisiyle ara malzemesiz yapılan kaynaklı parçanın kırılmış görüntüsü.

Çekme-makaslama deneyleri sonucunda ara malzemesiz, bakır ara malzemeli ve nikel ara malzemeli deney örneklerinde ergimiş bölgenin çelik tarafında kalmasının, aluminyum tarafında oluşan sert ve kırılgan intermetalik fazlardan kaynaklandığı düşünülmektedir. 2600 W laser gücü ve 90 J/mm ısı girdisi parametrelerinde birleştirilen bakır ara malzemeli deney örneklerinde ise kırılmanın IEB' de olmasının, laser kaynağının karakteristik özelliği olan hızlı soğuma neticesinde IEB sertliğinin artmasından kaynaklandığı düşünülmektedir.

9.1.2. Mikro Sertlik Deney Sonuçları

2200, 2400, 2600, 2800 ve 3000 W laser güçlerinde ve 60, 70, 80, 90 ve 100 J/mm ısı girdilerinde kaynaklı birleştirilmiş olan laser bindirme kaynak numunelerinin çekme-makaslama deney sonuçlarının değerlendirilmesi sonucunda, en yüksek çekme-makaslama kuvvetini veren numuneler üzerinde mikrosertlik deneyleri gerçekleştirilmiştir. Laser bindirme kaynak işlemlerinde kullanılan çelik malzemenin sertliği 99 $HV_{0.1}$ ve aluminyum malzemenin sertliği 102 $HV_{0.1}$ olarak saptanmıştır.

Bu çalışmada, ara malzemesiz, bakır ara malzemeli ve nikel ara malzemeli olmak üzere üç farklı durumda yapılan kaynaklar sonucunda 2200, 2400, 2600, 2800 ve 3000 W laser güçleri için en yüksek çekme-makaslama değerini veren her durum için 5 olmak üzere toplam 15 adet sertlik deney numunesi kullanılmıştır. 15 sertlik deney numunesinden elde edilen sertlik değeri dağılımları Şekil 9.19-9.33 arasında gösterilmiştir.

Mikrosertlik deneyi sonuçlarına göre kaynak metali, IEB ve ana metal arasında farklılıklar gözlenmiştir. Uygulanan kaynak parametrelerine bağlı olarak çelik tarafında ve aluminyum tarafında, kaynak bölgesindeki sertlik değerleri değişimleri grafiklere aktarılmıştır. Tüm kaynaklı parçalarda ergime bölgesinde sertlik değerlerinde bir artış meydana gelmiştir.

Kaynak bölgesinin sertlik değerlerinin IEB ve ana malzemeden daha büyük olduğu belirlenmiştir. Yapılan ölçüm sonuçları değerlendirildiğinde, aynı ısı girdisinde laser kaynak gücünün artmasıyla kaynak bölgesinin sertlik değerlerinin arttığı görülmüştür. Laser kaynağının karakteristik özelliği olan hızlı soğumadan dolayı kaynak bölgesinin sertliği ana malzemeye kıyasla yüksek olmaktadır. Kaynak bölgesinin sertlik değerlerinin yüksek olmasının sebeplerinden biri de laser kaynağının derin nüfuziyet modunda, çelik ergiyiğinin aşağıdan yukarıya doğru türbülans hareketlerinden dolayı sıvı alüminyumun, kaynağın üst bölgelerine taşınması ve Fe-Al intermetalik bileşiklerinin oluşumuna bağlı olduğu düşünülmektedir. Fe_2Al_5, $FeAl_2$ ve $FeAl_3$ intermetalik bileşikleri, çelik-aluminyum birleştirmelerinde meydana gelen çok yüksek sertliğe sahip kırılgan bileşikler olmakla birlikte çelik ergime bölgesinin üst taraflarında bu bileşiklerin oluşma eşiğine ulaşmaları mümkün değildir. Dolayısıyla ergime bölgesinde sertlik değerlerinin yüksek olmasını sağlayan bileşiklerin Fe_3Al ya da FeAl olduğu düşünülmektedir.

En yüksek çekme-makaslama deney sonuçlarını veren numuneler için maksimum sertlik değerlerinin değişim aralıkları, laser kaynak parametreleri (kaynak gücü ve ısı girdisi) ve çekme-makaslama kuvvetleri Çizelge 9.2' de gösterilmektedir.

Çizelge 9.2. En yüksek çekme-makaslama değerine sahip numunelerin çelik tarafında ergime bölgesinin sertlik değişimleri.

	Laser gücü (W)	**Isı girdisi (J/mm)**	**Maksimum çekme-makaslama kuvveti (N)**	**Çelik tarafında kaynak bölgesinin sertlik aralığı**
Ara malzemesiz örnekler	2200	100	1428	187-243 HV0.1
	2400	90	1269	193-263 HV0.1
	2600	80	1329	188-248 HV0.1
	2800	80	1427	189-221 HV0.1
	3000	70	1231	167-186 HV0.1
Bakır ara malzemeli örnekler	2200	100	1422	195-283 HV0.1
	2400	90	1415	222-270 HV0.1
	2600	90	1424	241-323 HV0.1
	2800	80	1329	207-277 HV0.1
	3000	80	1373	239-336 HV0.1
Nikel ara malzemeli örnekler	2200	100	1330	221-292 HV0.1
	2400	90	1277	185-222 HV0.1
	2600	80	1361	185-205 HV0.1
	2800	80	1317	180-348 HV0.1
	3000	80	1258	211-320 HV0.1

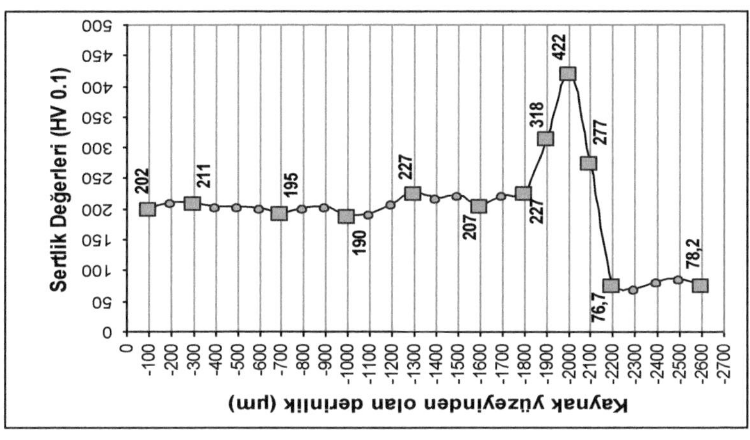

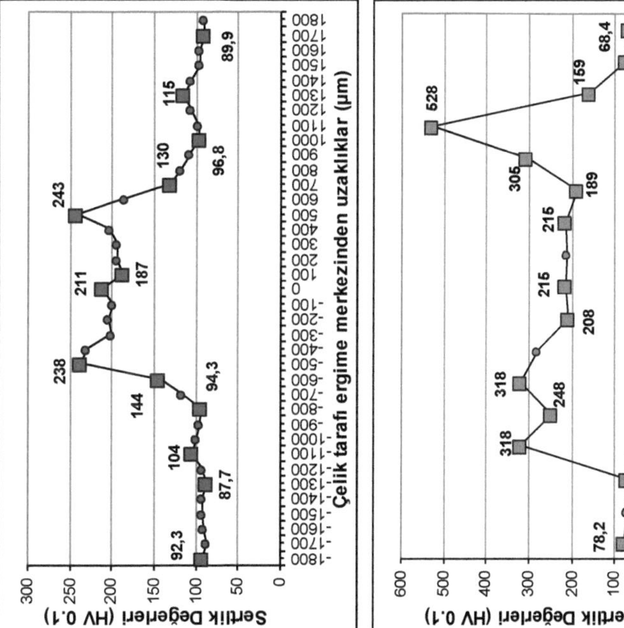

Şekil 9.19. 2200 W laser gücü ve 100 J/mm ısı girdisiyle ara malzemesiz yapılan birleştirmenin sertlik değerleri.

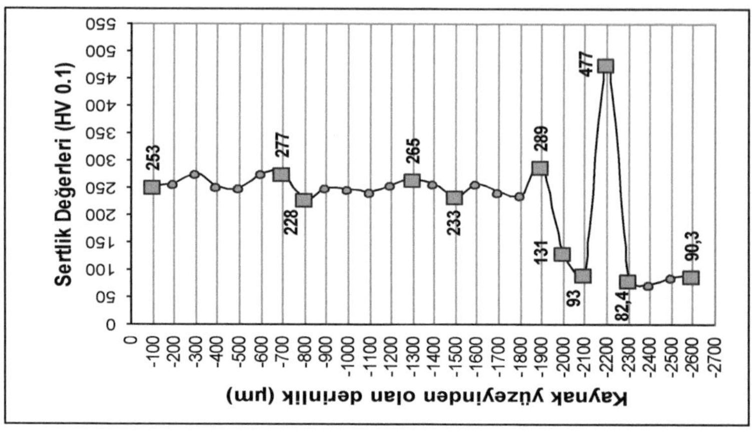

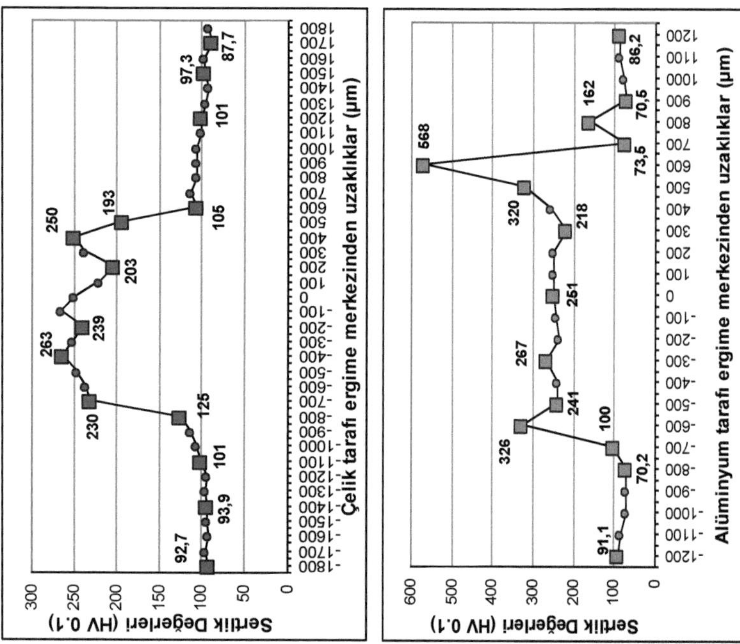

Şekil 9.20. 2400 W laser gücü ve 90 J/mm ısı girdisiyle ara malzemesiz yapılan birleştirmenin sertlik değerleri.

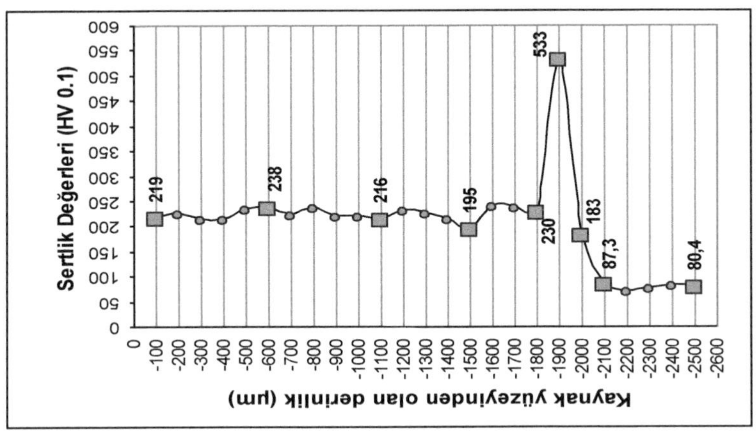

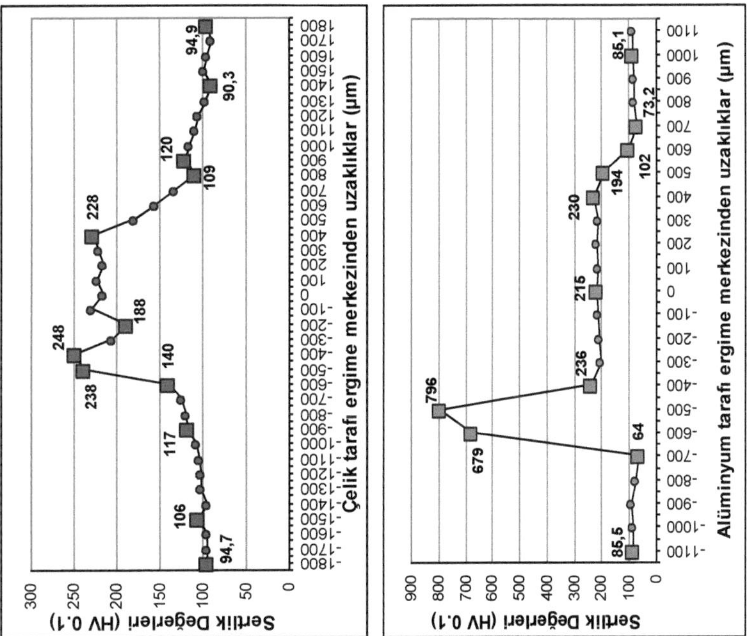

Şekil 9.21. 2600 W laser gücü ve 80 J/mm ısı girdisiyle ara malzemesiz yapılan birleştirmenin sertlik değerleri.

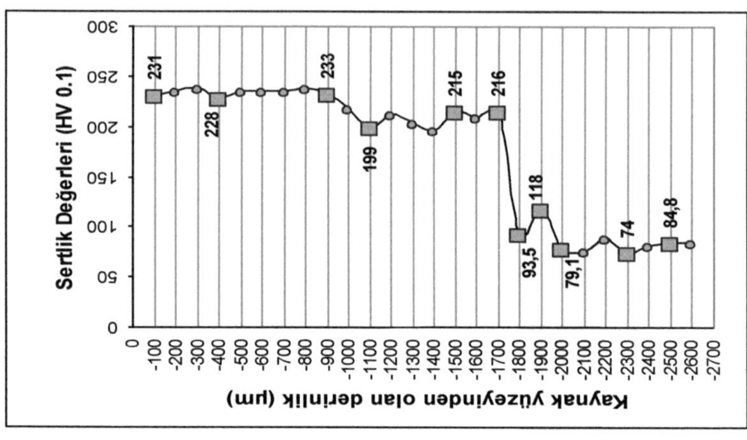

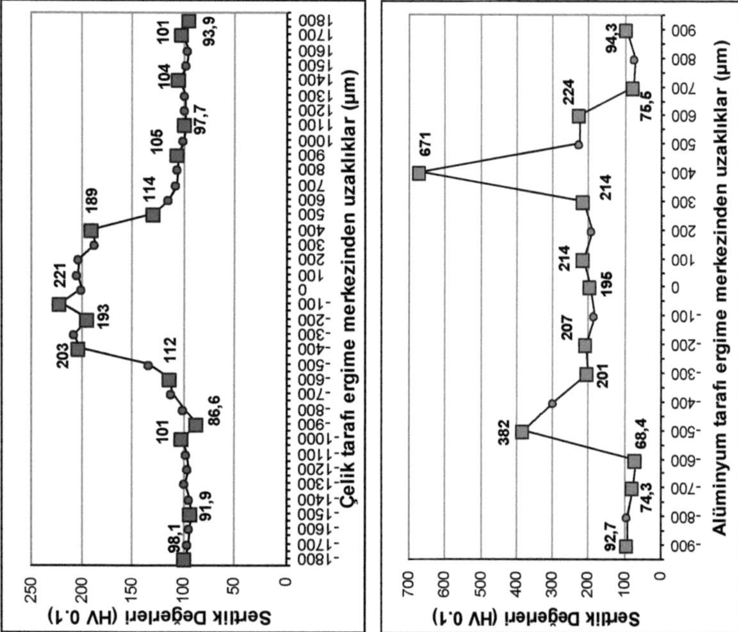

Şekil 9.22. 2800 W laser gücü ve 80 J/mm ısı girdisiyle ara malzemesiz yapılan birleştirmenin sertlik değerleri.

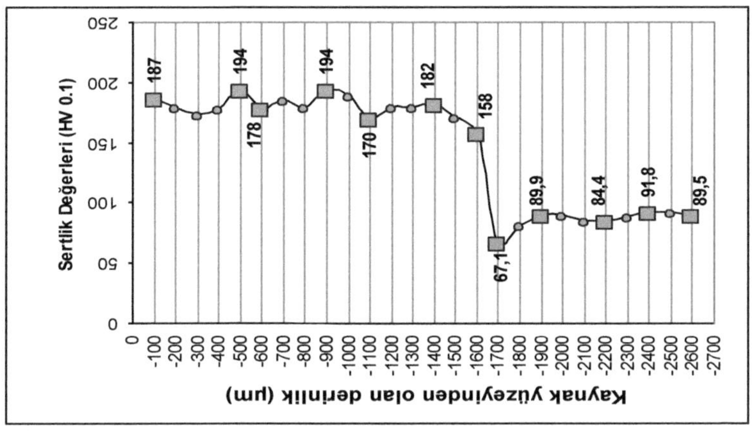

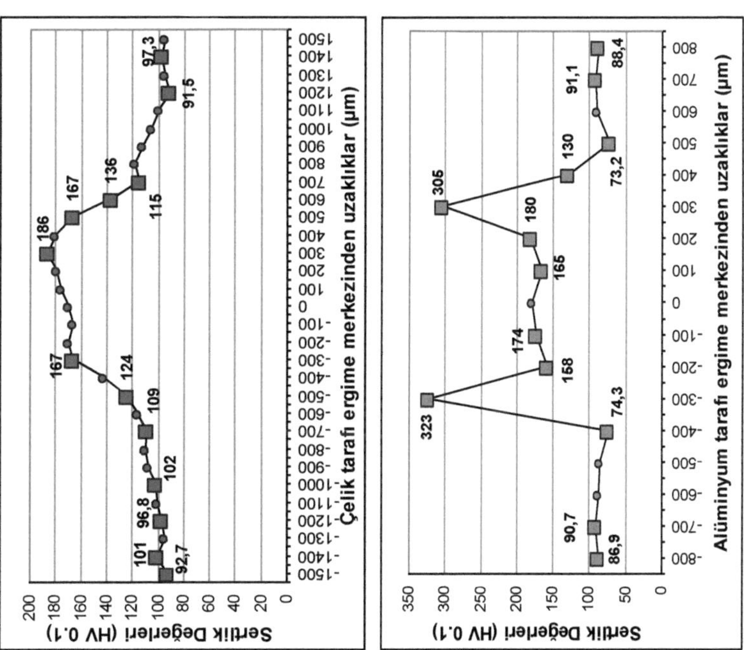

Şekil 9.23. 3000 W laser gücü ve 70 J/mm ısı girdisiyle ara malzemesiz yapılan birleştirmenin sertlik değerleri.

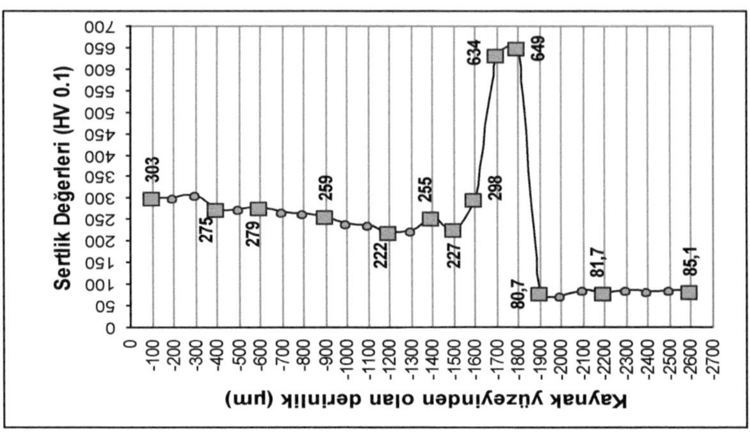

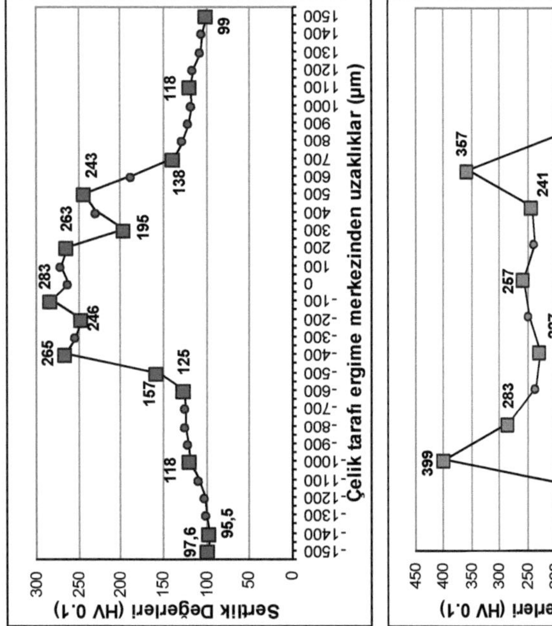

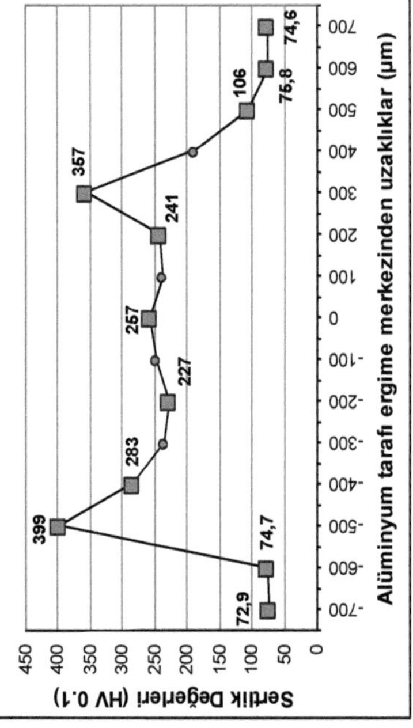

Şekil 9.24. 2200 W laser gücü ve 100 J/mm ısı girdisiyle bakır ara malzemeli yapılan birleştirmenin sertlik değerleri.

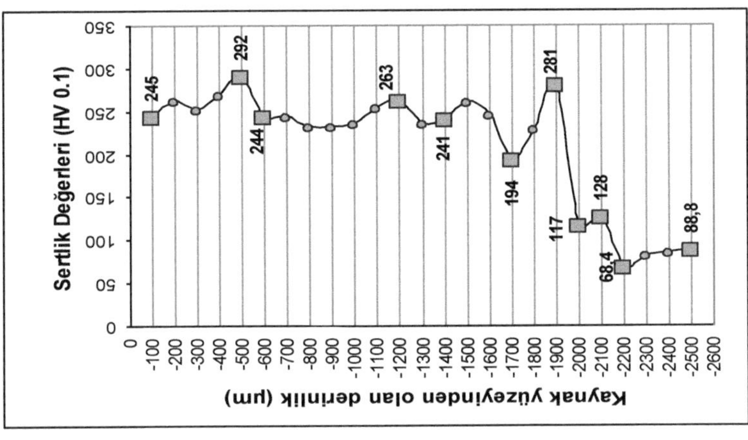

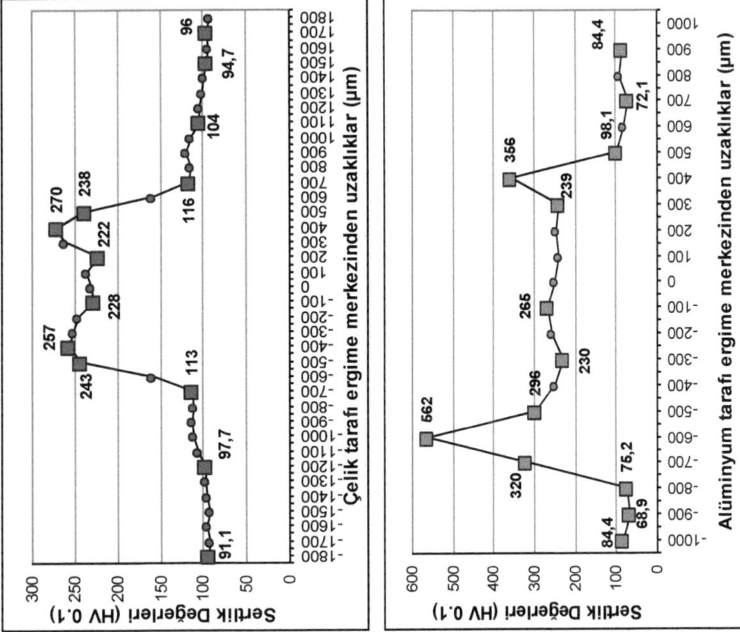

Şekil 9.25. 2400 W laser gücü ve 90 J/mm ısı girdisiyle bakır ara malzemeli yapılan birleştirmenin sertlik değerleri.

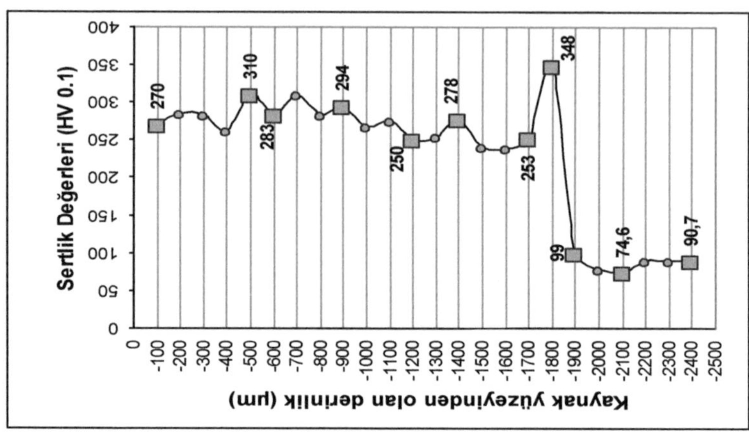

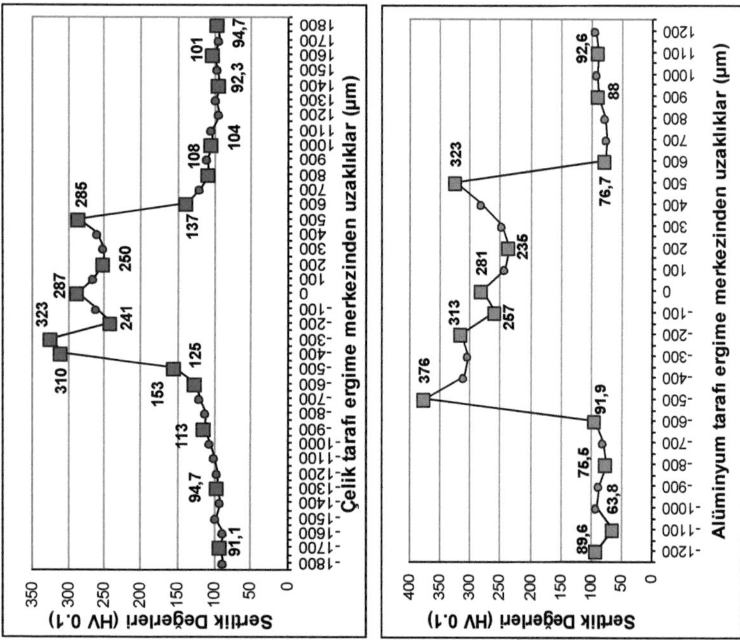

Şekil 9.26. 2600 W laser gücü ve 90 J/mm ısı girdisiyle bakır ara malzemeli yapılan birleştirmenin sertlik değerleri.

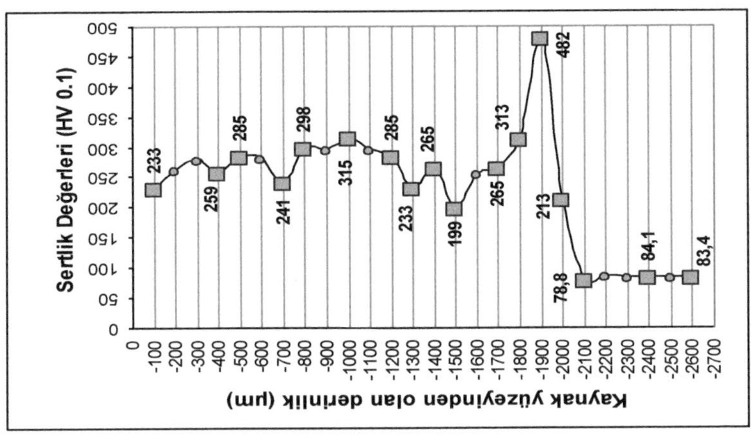

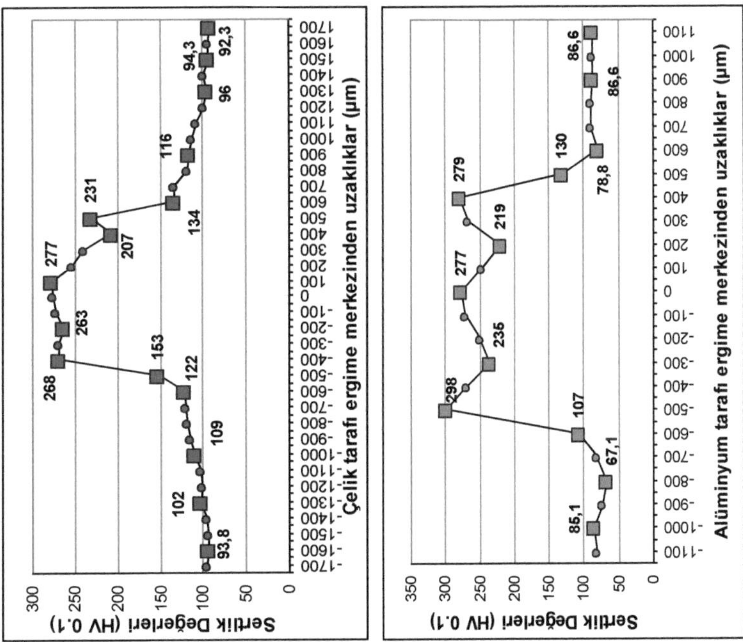

Şekil 9.27. 2800 W laser gücü ve 80 J/mm ısı girdisiyle bakır ara malzemeli yapılan birleştirmenin sertlik değerleri.

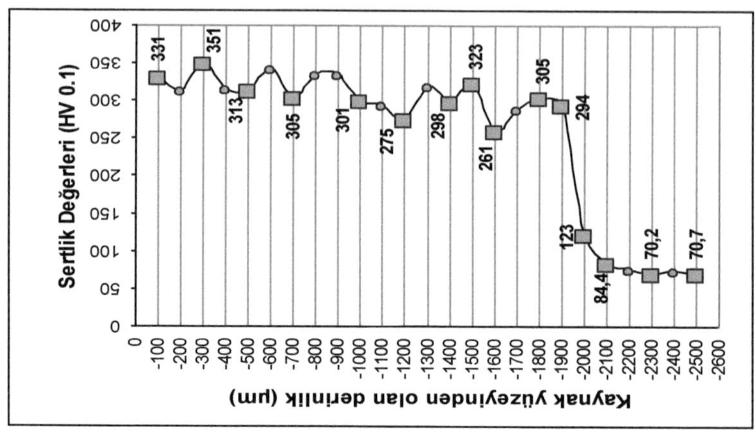

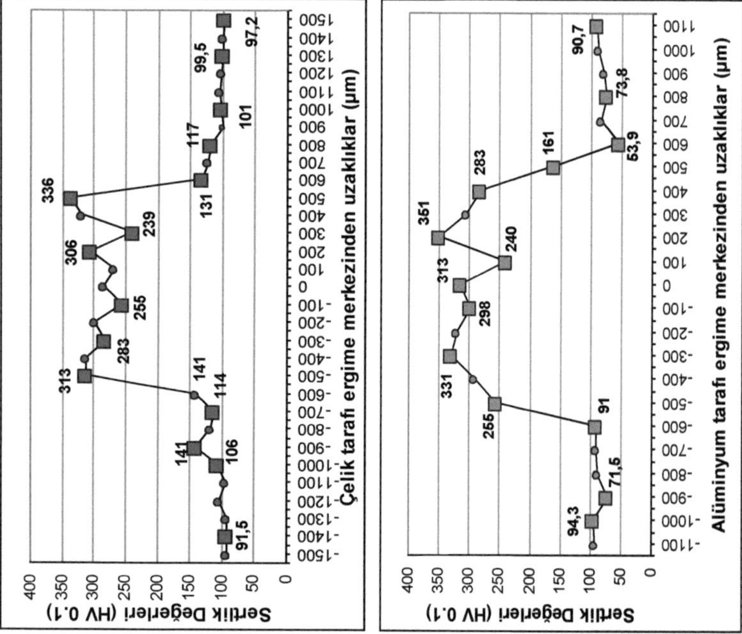

Şekil 9.28. 3000 W laser gücü ve 80 J/mm ısı girdisiyle bakır ara malzemeli yapılan birleştirmenin sertlik değerleri.

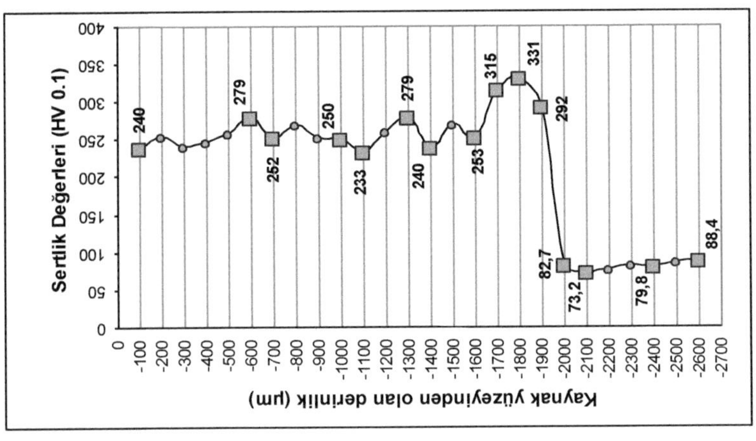

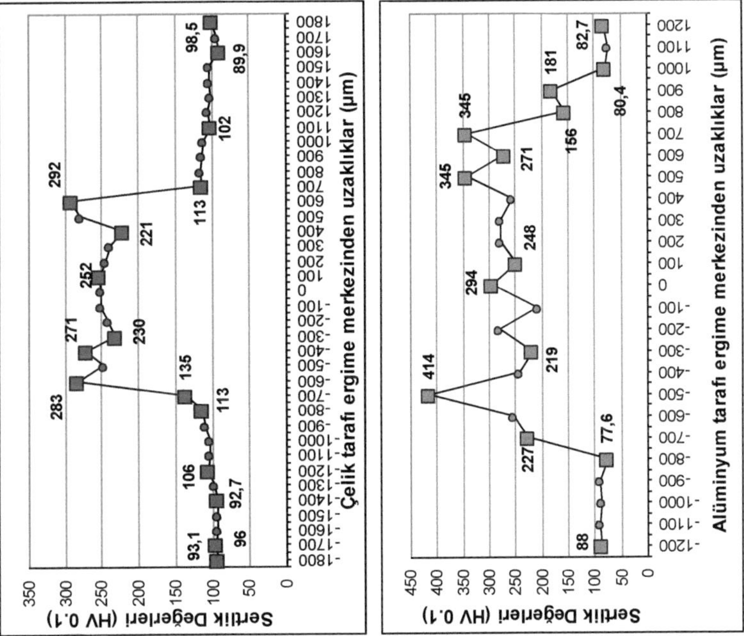

Şekil 9.29. 2200 W laser gücü ve 100 J/mm ısı girdisiyle nikel ara malzemeli yapılan birleştirmenin sertlik değerleri.

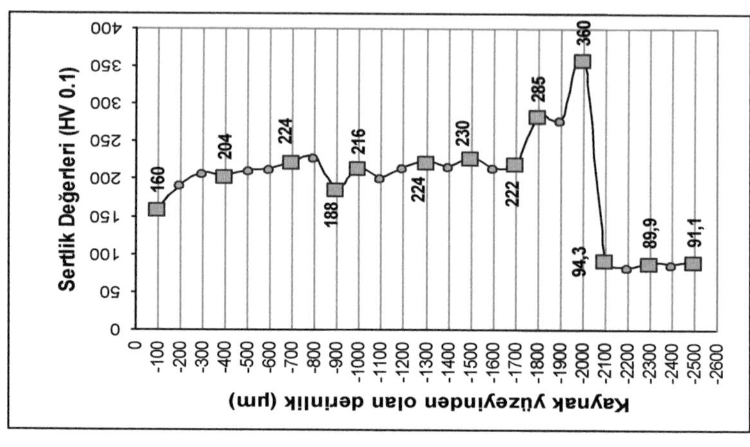

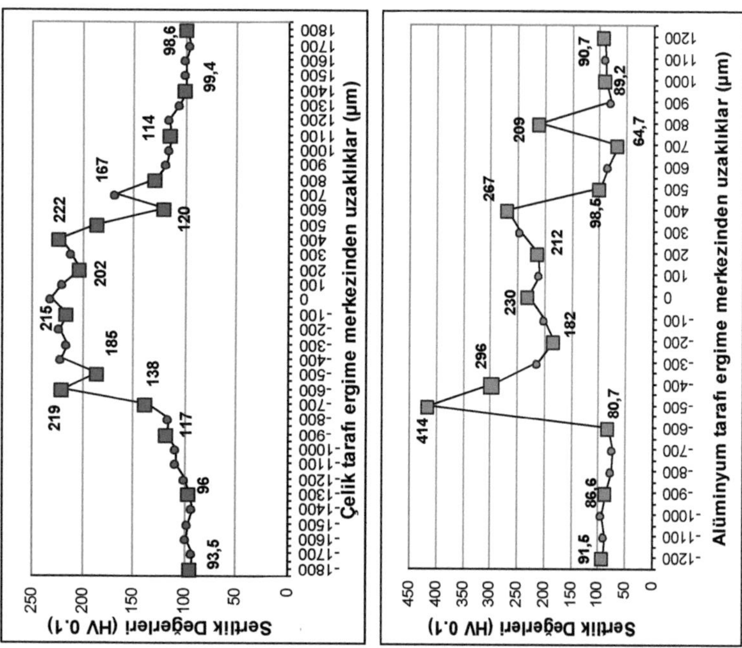

Şekil 9.30. 2400 W laser gücü ve 90 J/mm ısı girdisiyle nikel ara malzemeli yapılan birleştirmenin sertlik değerleri.

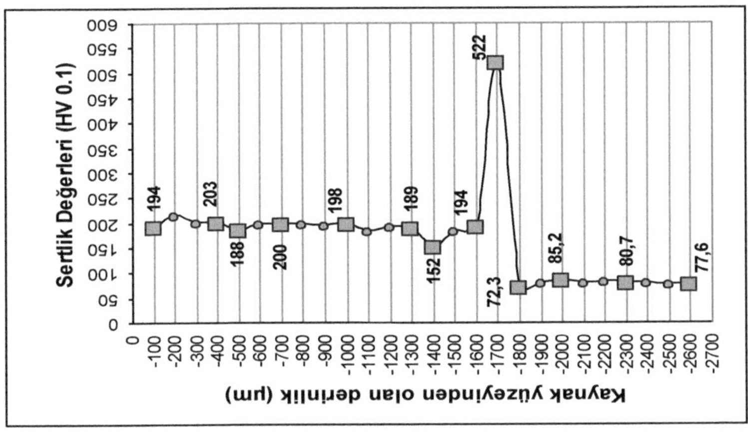

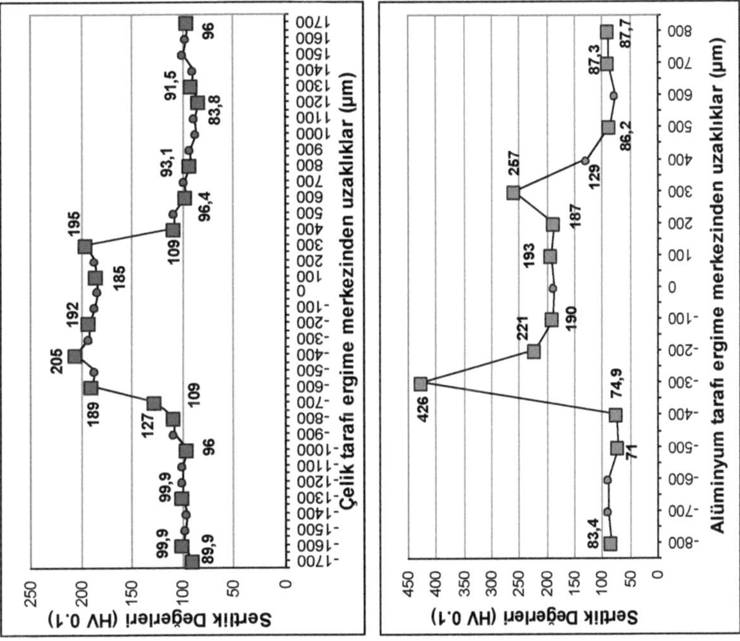

Şekil 9.31. 2600 W laser gücü ve 80 J/mm ısı girdisiyle nikel ara malzemeli yapılan birleştirmenin sertlik değerleri.

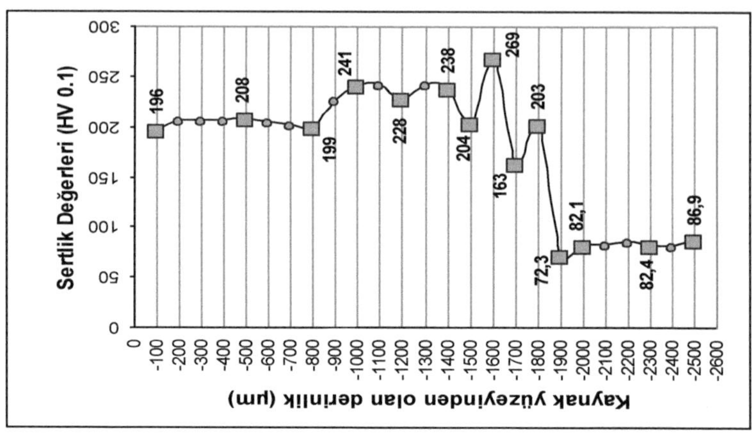

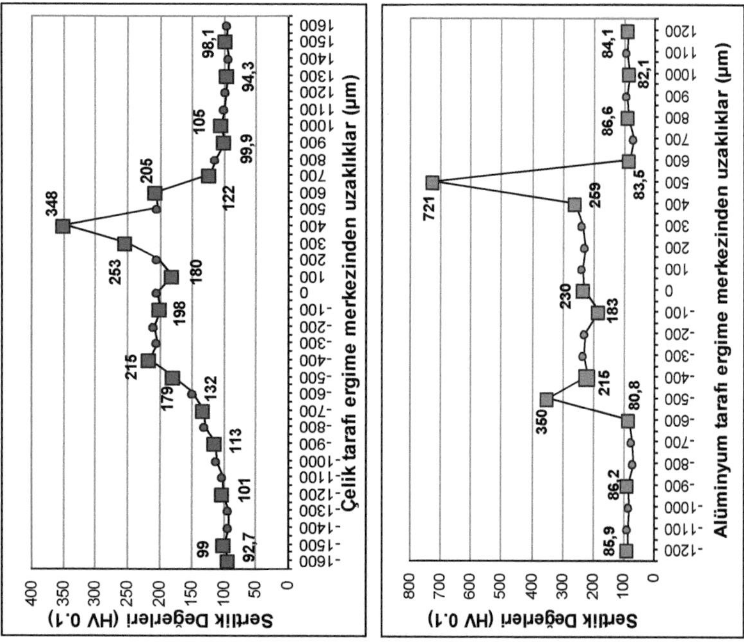

Şekil 9.32. 2800 W laser gücü ve 80 J/mm ısı girdisiyle nikel ara malzemeli yapılan birleştirmenin sertlik değerleri.

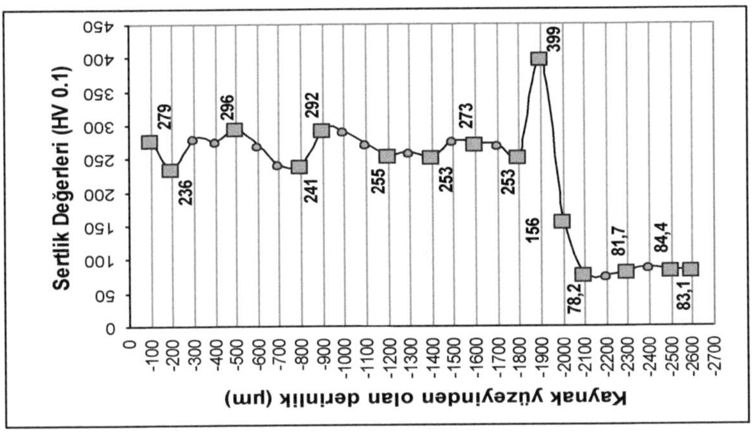

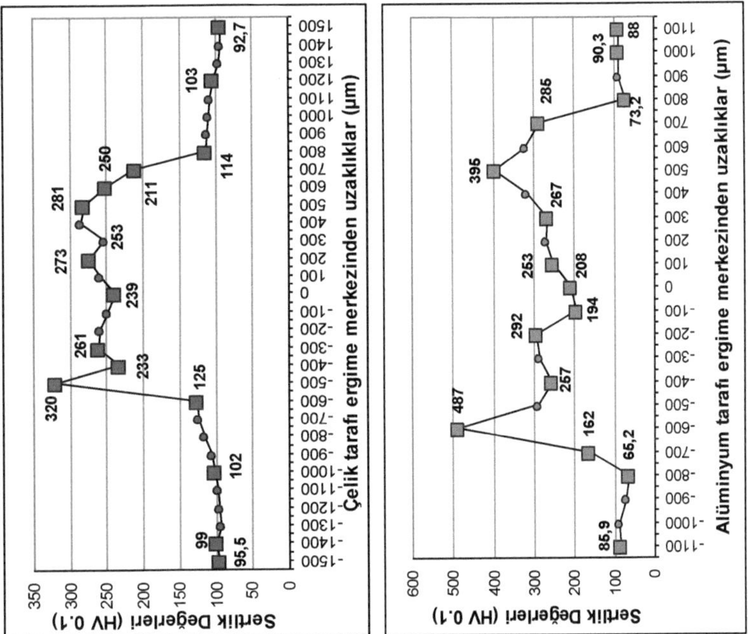

Şekil 9.33. 3000 W laser gücü ve 80 J/mm ısı girdisiyle nikel ara malzemeli yapılan birleştirmenin sertlik değerleri.

9.2. Metalografik İnceleme Sonuçları

9.2.1. Kaynak dikiş yüzeyleri değerlendirme sonuçları

Bu çalışmada 2200, 2400, 2600, 2800 ve 3000 W laser güçlerinde ve 60, 70, 80, 90 ve 100 J/mm ısı girdisi uygulanarak kaynaklar yapılmıştır. Ara malzemesiz, bakır ara malzemeli ve nikel ara malzemeli olarak yapılan kaynaklı birleştirmelerde çekme-makaslama deney sonuçlarının değerlendirilmesi sonucunda en yüksek kuvvet değerini veren kaynak dikişleri ile her üç durum için 80 J/mm ısı girdisi uygulanarak gerçekleştirilen kaynak dikişleri incelenmiştir.

Ara malzemesiz olarak birleştirilen kaynaklı parçalarda en iyi çekme-makaslama kuvvetini veren bağlantıların kaynak dikiş üst görünüşleri Şekil 9.34' de görülmektedir.

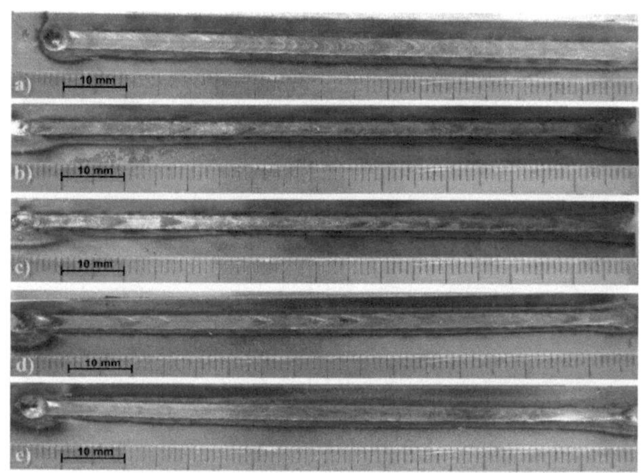

Şekil 9.34. Ara malzemesiz kaynaklarda en iyi çekme-makaslama kuvvetini veren numunelerin kaynak dikiş yüzey görüntüleri a) 2200 W - 100 J/mm, b) 2400 W - 90 J/mm, c) 2600 W - 80 J/mm, d) 2800 W - 80 J/mm, e) 3000 W - 70 J/mm.

Şekil 9.34' de kaynak dikiş yüzey görüntüleri verilen numunelerde dikiş yüzey genişlikleri 2200 W - 100 J/mm, 2400 W - 90 J/mm, 2600 W - 80 J/mm, 2800 W - 80 J/mm ve 3000 W - 70 J/mm için sırasıyla a) 2.65 mm b) 2.51 mm c) 2.41 mm d) 2.43 mm e) 2.27 mm olarak ölçülmüştür.

Bakır ara malzemeli olarak birleştirilen kaynaklı parçalarda en iyi çekme-makaslama kuvvetini veren bağlantıların kaynak dikiş üst görünüşleri Şekil 9.35' de görülmektedir.

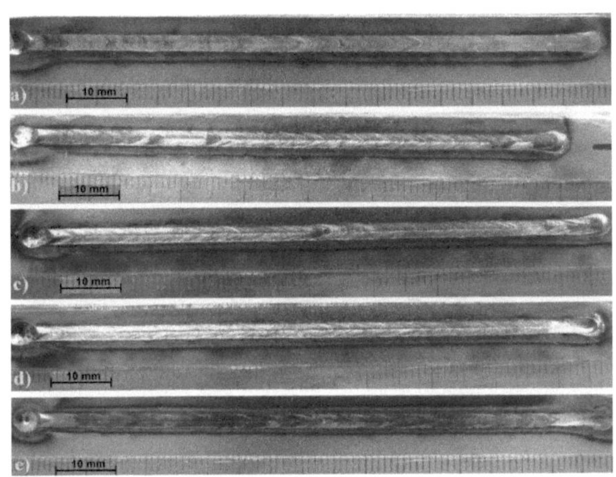

Şekil 9.35. Bakır ara malzemeli kaynaklarda en iyi çekme-makaslama kuvvetini veren numunelerin kaynak dikiş yüzey görüntüleri a) 2200 W - 100 J/mm, b) 2400 W - 90 J/mm, c) 2600 W - 90 J/mm, d) 2800 W - 80 J/mm, e) 3000 W - 80 J/mm.

Şekil 9.35' de kaynak dikiş yüzey görüntüleri verilen numunelerde dikiş yüzey genişlikleri 2200 W - 100 J/mm, 2400 W - 90 J/mm, 2600 W - 90 J/mm, 2800 W - 80 J/mm ve 3000 W - 80 J/mm için sırasıyla a) 2.63 mm b) 2.43 mm c) 2.47 mm d) 2.30 mm e) 2.29 mm olarak ölçülmüştür.

Nikel ara malzemeli olarak birleştirilen kaynaklı parçalarda en iyi çekme-makaslama kuvvetini veren bağlantıların kaynak dikiş üst görünüşleri Şekil 9.36' da görülmektedir.

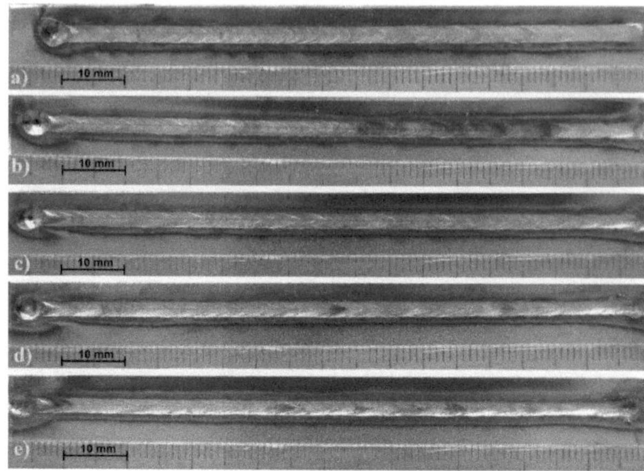

Şekil 9.36. Nikel ara malzemeli kaynaklarda en iyi çekme-makaslama kuvvetini veren numunelerin kaynak dikiş yüzey görüntüleri a) 2200 W - 100 J/mm, b) 2400 W - 90 J/mm, c) 2600 W - 80 J/mm, d) 2800 W - 80 J/mm, e) 3000 W - 80 J/mm.

Şekil 9.36' da kaynak dikiş yüzey görüntüleri verilen numunelerde dikiş yüzey genişlikleri 2200 W - 100 J/mm, 2400 W - 90 J/mm, 2600 W - 90 J/mm, 2800 W - 80 J/mm ve 3000 W - 80 J/mm için sırasıyla a) 2.50 mm b) 2.32 mm c) 2.31 mm d) 2.30 mm e) 2.10 mm olarak ölçülmüştür.

En iyi çekme-makaslama kuvvetini veren laser bindirme kaynak bağlantılarında kaynak dikiş yüzeylerinin genişlikleri kaynak ısı girdisine bağlı olarak 2.10 mm ile 2.65 mm aralığında değişim göstermiştir. Elde edilen sonuçlardan, kaynak ısı girdisinin yükselmesiyle dikiş yüzey genişliğinin arttığı görülmüştür. Çizelge 9.3' de en iyi çekme-makaslama kuvvetini veren kaynaklı parçaların dikiş yüzey genişlikleri bir arada gösterilmiştir.

Çizelge 9.3. En iyi çekme-makaslama deney sonuçlarını veren kaynakların dikiş yüzey genişlikleri.

	Ara malzemesiz		Bakır ara malzemeli		Nikel ara malzemeli	
Laser gücü (W)	**Isı girdisi (J/mm)**	**Dikiş yüzey genişliği (mm)**	**Isı girdisi (J/mm)**	**Dikiş yüzey genişliği (mm)**	**Isı girdisi (J/mm)**	**Dikiş yüzey genişliği (mm)**
2200	100	2.65	100	2.63	100	2.50
2400	90	2.51	90	2.43	90	2.32
2600	80	2.41	90	2.47	80	2.31
2800	80	2.43	80	2.30	80	2.30
3000	70	2.27	80	2.29	80	2.10

2200-3000 W aralığında uygulanan laser kaynak güçlerinde 90 J/mm ve 100 J/mm ısı girdisi uygulanması durumunda kaynak dikiş yüzeylerinde çökmeler olduğu görülmüştür. Kaynaklı birleştirilecek parçalar arasında boşlukların var olması ve laser gücüne bağlı olarak kaynak ısı girdisinin artması, kaynak dikiş yüzeyinin çökmesine neden olmaktadır. Derin nüfuziyet (keyhole) kaynak yönteminde ergimiş metal, laser ışınının oluşturduğu türbülans hareketi ile aşağıdan yukarıya doğru (laser ışınına doğru) hareket etmekte ve bunun sonucunda da kaynak dikişinin çökmesine yol açmaktadır.

En iyi çekme-makaslama sonuçlarını veren numunelerde kaynak dikiş yüzey genişliklerinin kaynak bitiş noktasına kadar düzgün olarak devam ettikleri görülmüştür. Kaynakların bütünü değerlendirildiğinde dikiş yüzey genişlikleri, kaynak parametrelerine bağlı olarak değişkenlikler göstermiştir.

Key-hole kararsızlıkları veya sıkıştırma tertibatının birleşme yüzeylerini tam olarak bastıramamasından dolayı meydana gelebilen çelik ve aluminyum levhalar arasındaki boşluklardan dolayı kaynakların dikiş yüzey genişliği düzensizlikler göstermektedir. Bu durum aynı zamanda nüfuziyet derinliği düzensizliklerine de sebep olmaktadır.

Kaynak nüfuziyet derinliğinin fazla olması dikiş yüzey genişliğinin daha küçük olmasıyla, tersi durumda düşük nüfuziyet derinlikleri de dikiş genişliğinin artmasıyla sonuçlanmaktadır. Literatür incelemelerinde (Theron et al., 2007), bu durumda ergimiş metal hacminin hemen hemen sabit kaldığı ifade edilmektedir.

Şekil 9.37-9.39' da sırasıyla ara malzemesiz, bakır ara malzemeli ve nikel ara malzemeli olarak 80 J/mm ısı girdisi uygulanarak 2200, 2400, 2600, 2800, 3000 W laser güçlerinde birleştirilen parçaların kaynak dikiş yüzey görüntüleri verilmektedir.

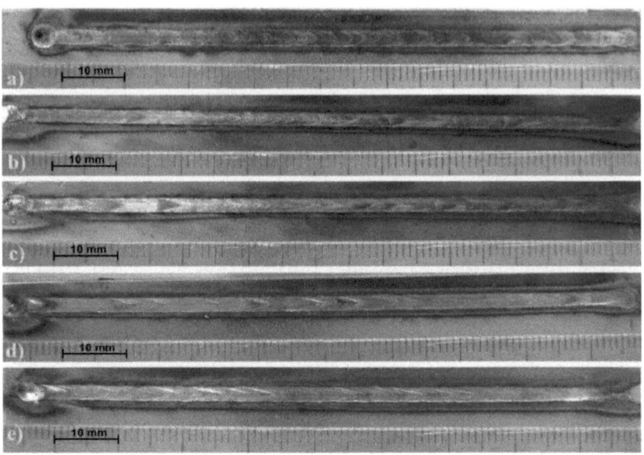

Şekil 9.37. 80 J/mm ısı girdisi uygulanarak ara malzemesiz birleştirilmiş numunelerin kaynak dikiş yüzey görüntüleri a) 2200 W, b) 2400 W, c) 2600 W, d) 2800 W e) 3000 W.

Şekil 9.37' de kaynak dikiş yüzey görüntüleri verilen numunelerde dikiş yüzey genişlikleri 2200 W, 2400 W, 2600 W, 2800 W ve 3000 W için sırasıyla a) 2.42 mm b) 2.44 mm c) 2.50 mm d) 2.53 mm e) 2.56 mm olarak ölçülmüştür.

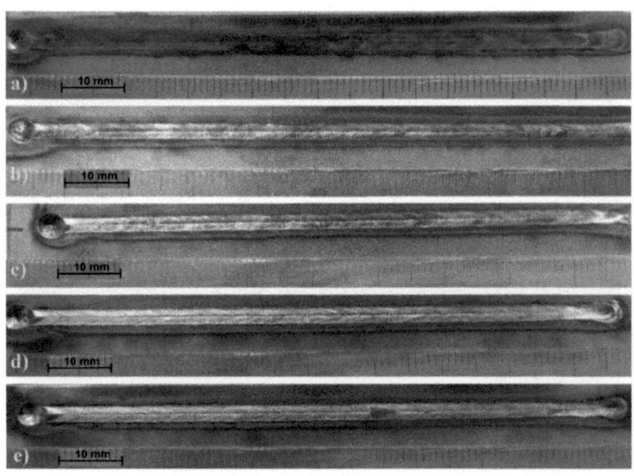

Şekil 9.38. 80 J/mm ısı girdisi uygulanarak bakır ara malzemeli birleştirilmiş numunelerin kaynak dikiş yüzey görüntüleri a) 2200 W, b) 2400 W, c) 2600 W, d) 2800 W e) 3000 W.

Şekil 9.38' de kaynak dikiş yüzey görüntüleri verilen numunelerde dikiş yüzey genişlikleri 2200 W, 2400 W, 2600 W, 2800 W ve 3000 W için sırasıyla a) 2.29 mm b) 2.38 mm c) 2.40 mm d) 2.43 mm e) 2.45 mm olarak ölçülmüştür.

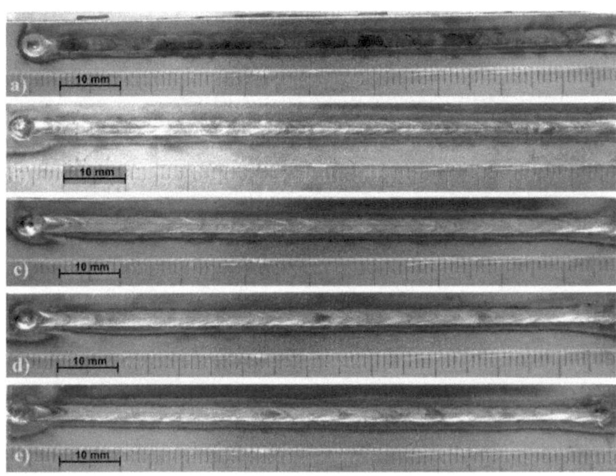

Şekil 9.39. 80 J/mm ısı girdisi uygulanarak nikel ara malzemeli birleştirilmiş numunelerin kaynak dikiş yüzey görüntüleri a) 2200 W, b) 2400 W, c) 2600 W, d) 2800 W e) 3000 W.

Şekil 9.39' da kaynak dikiş yüzey görüntüleri verilen numunelerde dikiş yüzey genişlikleri 2200 W, 2400 W, 2600 W, 2800 W ve 3000 W için sırasıyla a) 2.23 mm b) 2.34 mm c) 2.40 mm d) 2.45 mm e) 2.48 mm olarak ölçülmüştür.

Şekil 9.40' da 80 J/mm ısı girdisi ve 2200-3000 W laser güç aralığında kaynak gücü uygulanmış ara malzemesiz, bakır ara malzemeli ve nikel ara malzemeli kaynaklı birleştirmelerin yüzey genişlikleri grafik üzerinde gösterilmiştir.

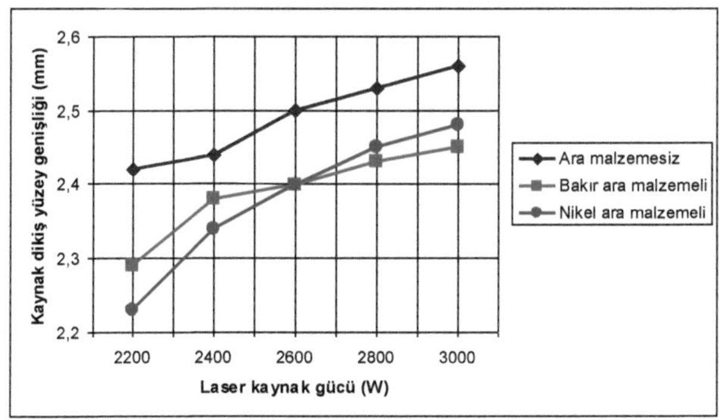

Şekil 9.40. 80 J/mm ısı girdisi uygulanan numunelerin laser kaynak gücüne bağlı olarak kaynak dikiş yüzey genişlikleri.

9.2.2. Mikro ve makro inceleme sonuçları

Bu çalışmada 2200, 2400, 2600, 2800 ve 3000 W laser güçlerinde 60, 70, 80, 90 ve 100 J/mm ısı girdisi parametrelerine bağlı olarak 25 adet ara malzeme olmadan yapılan, 25 adet 0.1 mm bakır ara malzeme kullanılarak yapılan ve 25 adet 0.03 mm nikel ara malzeme kullanılarak yapılan deney numunelerinin çekme-makaslama deneyi sonucunda, her laser gücü için en yüksek değeri veren toplam 15 adet numunenin optik mikroskop görüntüleri incelenmiştir. Deney numunelerinin mikroskop görüntüleri Şekil 9.41-9.55 arasında gösterilmiştir.

Ara malzemesiz olarak kaynak edilen numunelerin makroskobik görüntüleri Şekil 9.41-9.45 arasında, bakır ara malzemeli olarak kaynak edilen numunelerin makroskobik görüntüleri Şekil 9.46-9.50 arasında, nikel ara malzemeli olarak kaynak edilen numunelerin makroskobik görüntüleri Şekil 9.51-9.55 arasındaki resimlerde gösterilmiştir.

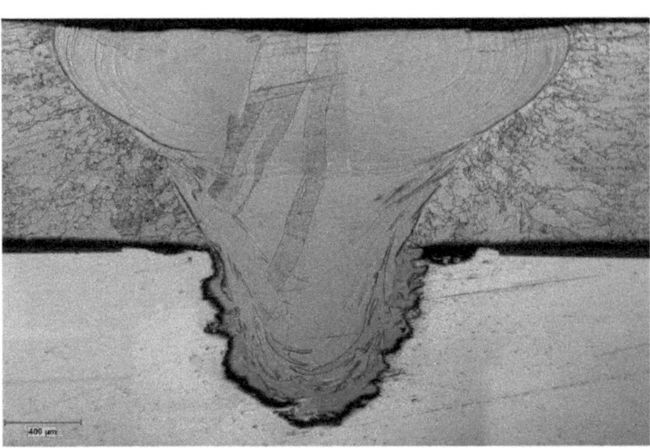

Şekil 9.41. 2200 W laser gücü ve 100 J/mm ısı girdisiyle ara malzemesiz yapılan birleştirmenin makro görüntüsü.

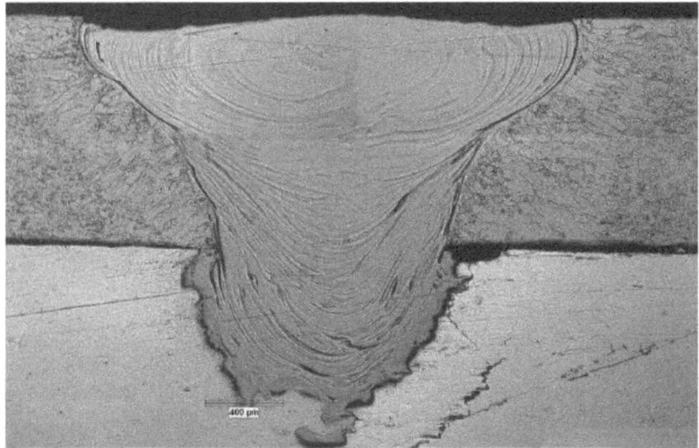

Şekil 9.42. 2400 W laser gücü ve 90 J/mm ısı girdisiyle ara malzemesiz yapılan birleştirmenin makro görüntüsü.

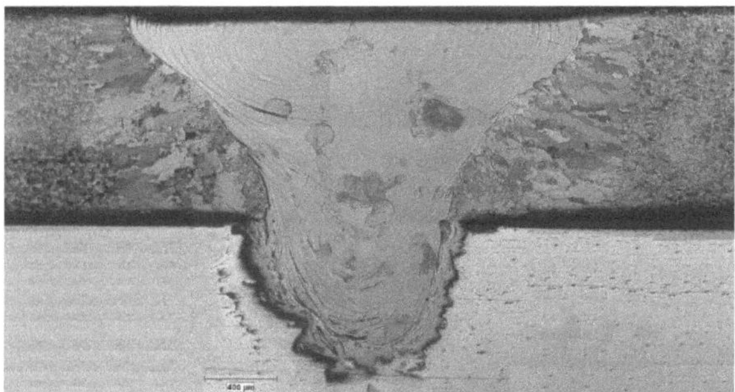

Şekil 9.43. 2600 W laser gücü ve 80 J/mm ısı girdisiyle ara malzemesiz yapılan birleştirmenin makro görüntüsü.

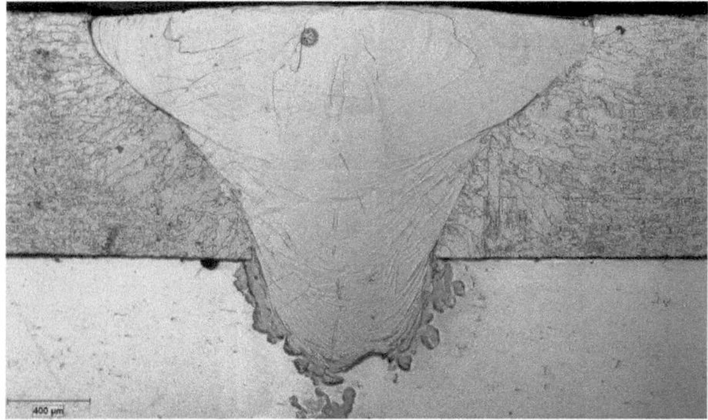

Şekil 9.44. 2800 W laser gücü ve 80 J/mm ısı girdisiyle ara malzemesiz yapılan birleştirmenin makro görüntüsü.

Şekil 9.45. 3000 W laser gücü ve 70 J/mm ısı girdisiyle ara malzemesiz yapılan birleştirmenin makro görüntüsü.

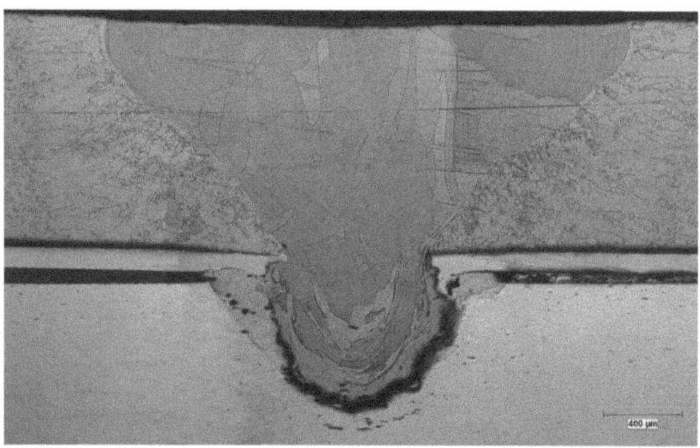

Şekil 9.46. 2200 W laser gücü ve 100 J/mm ısı girdisiyle bakır ara malzemeli yapılan birleştirmenin makro görüntüsü.

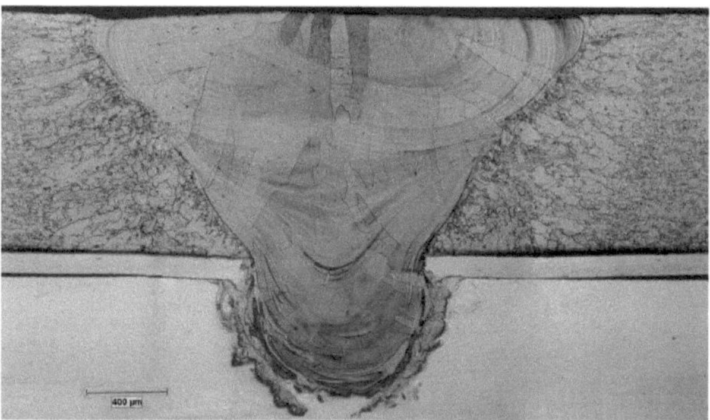

Şekil 9.47. 2400 W laser gücü ve 90 J/mm ısı girdisiyle bakır ara malzemeli yapılan birleştirmenin makro görüntüsü.

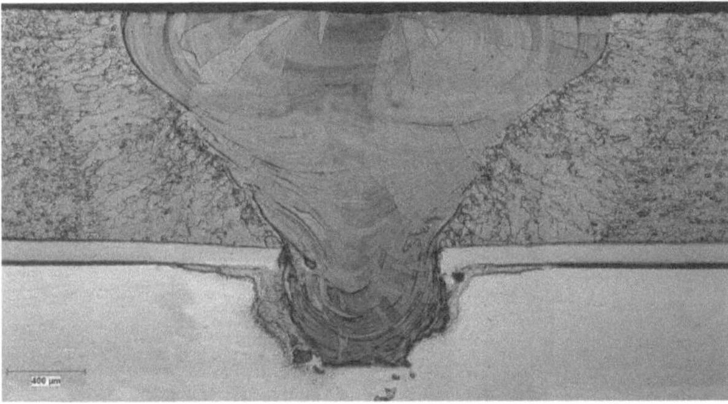

Şekil 9.48. 2600 W laser gücü ve 90 J/mm ısı girdisiyle bakır ara malzemeli yapılan birleştirmenin makro görüntüsü.

Şekil 9.49. 2800 W laser gücü ve 80 J/mm ısı girdisiyle bakır ara malzemeli yapılan birleştirmenin makro görüntüsü.

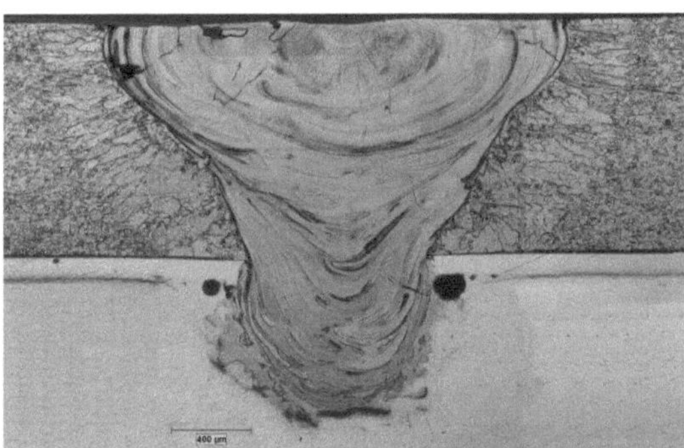

Şekil 9.50. 3000 W laser gücü ve 80 J/mm ısı girdisiyle bakır ara malzemeli yapılan birleştirmenin makro görüntüsü.

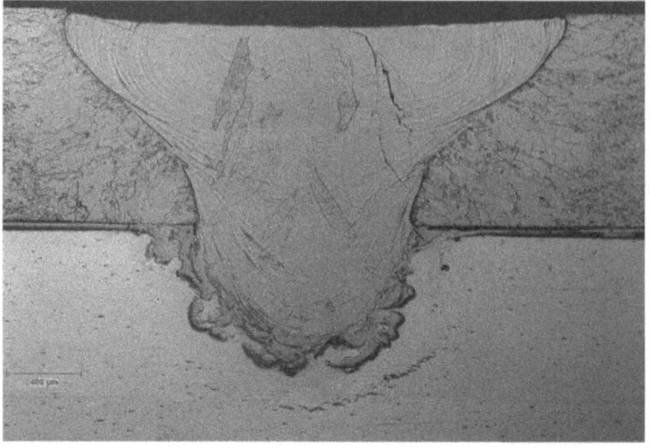

Şekil 9.51. 2200 W laser gücü ve 100 J/mm ısı girdisiyle nikel ara malzemeli yapılan birleştirmenin makro görüntüsü.

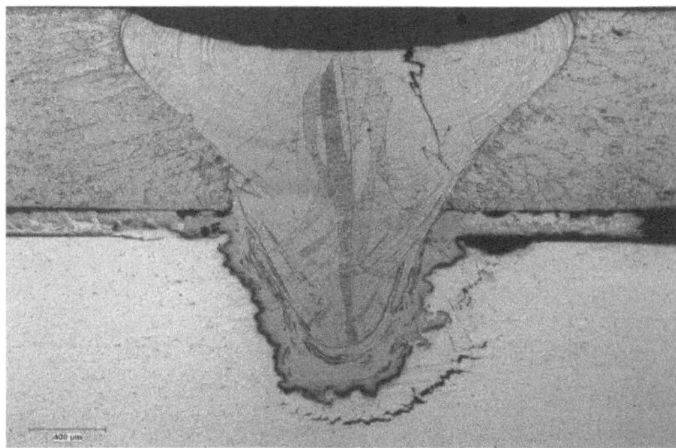

Şekil 9.52. 2400 W laser gücü ve 90 J/mm ısı girdisiyle nikel ara malzemeli yapılan birleştirmenin makro görüntüsü.

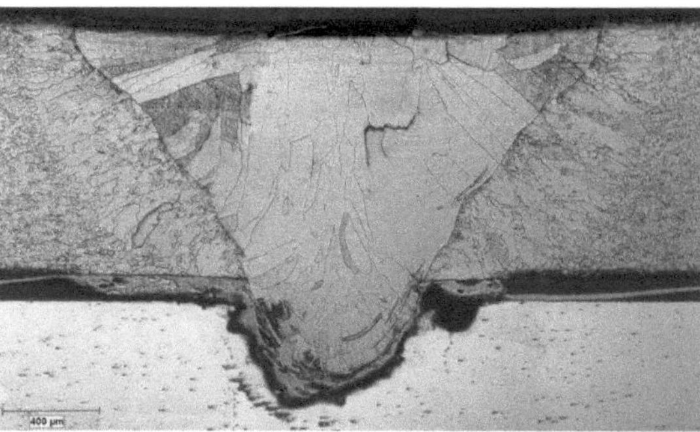

Şekil 9.53. 2600 W laser gücü ve 80 J/mm ısı girdisiyle nikel ara malzemeli yapılan birleştirmenin makro görüntüsü.

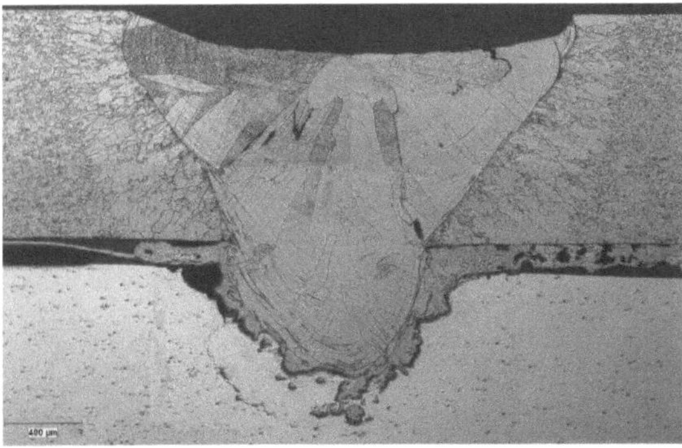

Şekil 9.54. 2800 W laser gücü ve 80 J/mm ısı girdisiyle nikel ara malzemeli yapılan birleştirmenin makro görüntüsü.

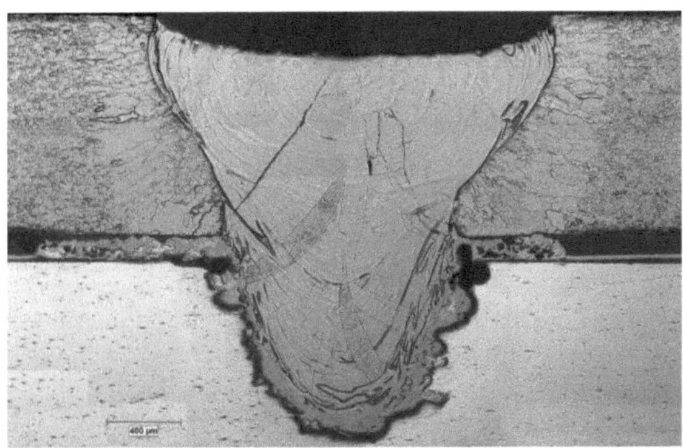

Şekil 9.55. 3000 W laser gücü ve 80 J/mm ısı girdisiyle nikel ara malzemeli yapılan birleştirmenin makro görüntüsü.

Laser bindirme kaynaklı numunelerin optik mikroskopla çekilen görüntüleri incelendiğinde ergime bölgesinde ergiyik metalin katılaşmasının, çelik kaynak ara yüzeyinden kaynak merkezine doğru yönlenmiş sütunsu (kolonsu) taneler şeklinde olduğu görülmektedir. Aluminyum ve çelik malzemelerin laser bindirme kaynak bağlantısında, ergime bölgesi demirce (Fe) zengindir.

Farklı malzemelerin kaynak işlemindeki zorluklardan birisi olan kırılgan intermetalik fazların oluşumu dolayısıyla laser derin nüfuziyet kaynak yönteminde, kaynak metali ve aluminyum ergime bölgesi arasında düzensiz sınırlar boyunca intermetalik tabaka meydana gelmiştir. Oluşan bu arayüzey tabakasının gri renkte olduğu ve diğer bölgelerden kolaylıkla ayırt edilebildiği görülmektedir (Şekil 9.56).

Kaynak bölgesinin aluminyum tarafında ergime bölgesinin sütunsu (kolonsu) katılaşmış tanelerinin üzerinde beyaz renkli bölgeler oluşmuştur. Laser derin nüfuziyet kaynak yönteminde meydana gelen buhar kanalında aşağıdan yukarıya doğru türbülans hareketlerinden dolayı kaynak metali ve aluminyum arayüzey tabakası oluşumunu takip eden bu beyaz çözelti bölgeleri (çözelti bantları), kaynak işlemi sırasında ergiyik aluminyumun kaynak metali içine hapsedilmesi yoluyla oluşmaktadır. EDX analizi sonuçları kullanılarak Fe-Al denge diyagramı yardımıyla, beyaz çözelti bantlarının kaynak metali içinde oluşan Fe_3Al ya da FeAl bileşiği olduğu düşünülmektedir. Sadece aluminyum olarak katılaşması da olasıdır. Şekil 9.56' da bu beyaz çözelti bantları ve intermetalik bileşen tabakası görülmektedir.

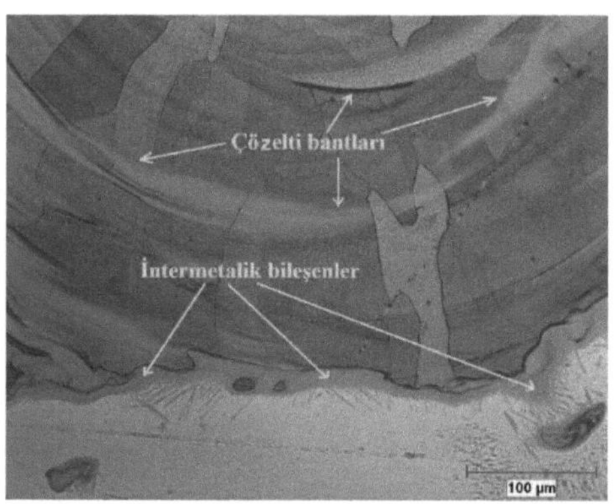

Şekil 9.56. Kaynak metali içinde oluşan çözelti bantları ve intermetalik bileşen tabakası.

Aluminyum ve çelik malzemelerin ergime sıcaklıkları arasında büyük fark olmasından dolayı aluminyum tarafında bir aluminyum ergime bölgesi meydana gelmiştir. Şekil 9.57' de aluminyum ergime bölgesi gösterilmiştir.

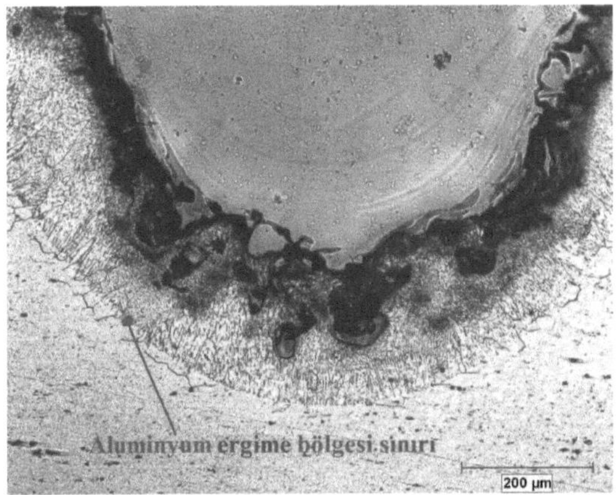

Şekil 9.57. Kaynağın alt kısmında aluminyum ergime bölgesi.

Kaynaklı birleştirmelerin mikroskop resimleri incelendiğinde dairesel gözenekler, çatlaklar gibi bazı kusurlar meydana geldiği görülmektedir. Şekil 9.58 a' da gözenek oluşumları, Şekil 9.58 b' de aluminyum ergime bölgesinde meydana gelen çatlak, Şekil 9.58c' de intermetalik arayüzey tabakasında meydana gelen bir çatlak, Şekil 9.58d' de ise çelik tarafındaki kaynak metali içerisinde meydana gelen bir çatlak ve kaynak dikiş çökmesi görülmektedir.

Şekil 9.58 a' da görüldüğü gibi aluminyum ergime bölgesinde meydana gelen gözenek oluşumu, ergiyik havuzunda hidrojen bulunmasından kaynaklanabilmektedir. Aluminyumun sıvı halde hidrojen çözünürlüğü katı haldeki hidrojen çözünürlüğünden daha yüksek olduğu için katılaşma sırasında aluminyum içinde hidrojen hapsolmaktadır. Dolayısıyla katılaşma süresince dışarıya çıkamayan bu hidrojen, gözenek oluşmasına sebep olmaktadır.

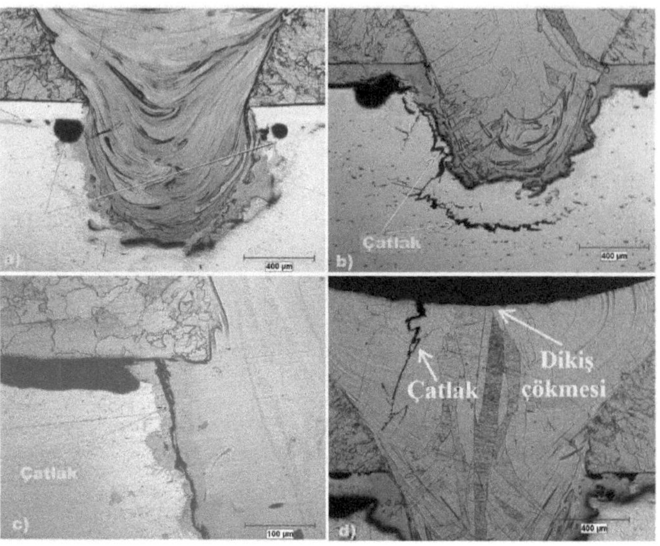

Şekil 9.58. Gerçekleştirilen laser bindirme kaynak numunelerinde meydana gelen çatlak, gözenek ve dikiş çökmesi gibi kaynak hataları.

Kaynaklı birleştirilen parçaların mikroskop resimlerinde (Şekil 9.41-9.55) görüldüğü gibi bazı numunelerde çatlak oluşumları meydana gelmiştir. Bu çatlak oluşumları, kaynak aluminyum arayüzeyleri boyunca oluşan çatlaklar (Şekil 9.58c), aluminyum ergime bölgesi sınırında oluşan sıvılaşma çatlakları (Şekil 9.58b) ve çelik tarafında kaynak metali içinde oluşan çatlaklar (Şekil 9.58d) olarak karşımıza çıkmaktadır.

En iyi çekme-makaslama deney sonuçlarını veren 15 numunenin nüfuziyet derinlikleri için de değerlendirmeler yapılmıştır. Nüfuziyet derinliği için aluminyum tarafında çelik nüfuziyeti ölçülerek değerlendirme yapılmıştır. Şekil 9.59' da nüfuziyet derinliğinin şematik gösterimi verilmiştir. Ölçülen nüfuziyet değerleri Çizelge 9.4' de bir tablo halinde ve Şekil 9.60' da bir grafik üzerinde gösterilmiştir.

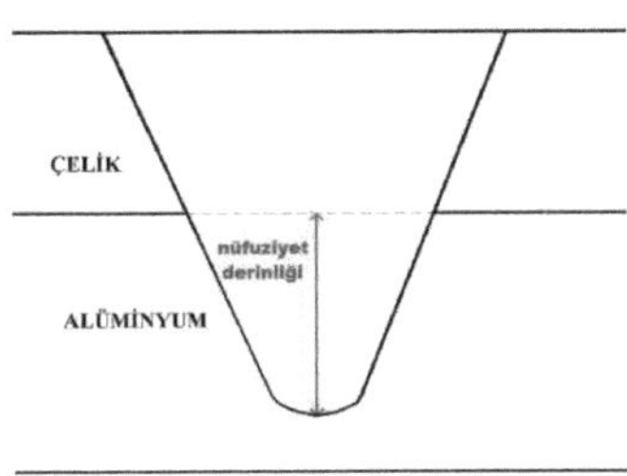

Şekil 9.59. Aluminyumdaki nüfuziyet derinliğinin şematik gösterimi

Çizelge 9.4. En iyi çekme-makaslama deney sonuçlarına sahip numunelerin aluminyumdaki nüfuziyet derinlikleri.

	Ara malzemesiz		Bakır ara malzemeli		Nikel ara malzemeli	
Laser gücü (W)	Isı girdisi (J/mm)	Nüfuziyet derinliği (μm)	Isı girdisi (J/mm)	Nüfuziyet derinliği (μm)	Isı girdisi (J/mm)	Nüfuziyet derinliği (μm)
2200	100	630	100	590	100	665
2400	90	815	90	610	90	955
2600	80	660	90	620	80	515
2800	80	555	80	600	80	720
3000	70	415	80	765	80	1050

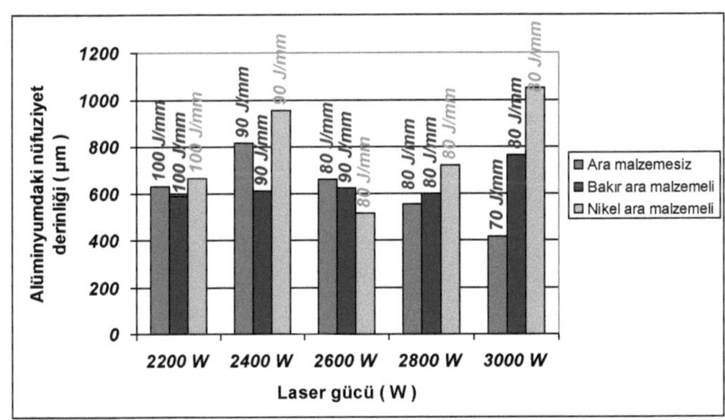

Şekil 9.60. En iyi çekme-makaslama sonuçlarına sahip numunelerin aluminyumdaki nüfuziyet derinlikleri.

Laser derin nüfuziyet (anahtar deliği) yöntemiyle kaynak işleminde işlem parametrelerinden kaynak hızı azaltılarak ya da laser gücü artırılarak, malzemeye giren enerji artışıyla, oluşan buhar kanalının uzunluğunun artması malzemedeki nüfuziyet derinliğini arttırmaktadır.

Nüfuziyet derinlik değerleri incelendiğinde bazı durumlarda aynı ısı girdisi değerinde laser gücünün artmasıyla nüfuziyet derinliğinin artması beklenirken böyle olmadığı görülmüştür. Ayrıca, aynı kaynak parametreleri için malzemenin kaynak kesiti boyunca bazı nüfuziyet farklılıkları da gözlenmiştir. Bu farkların kaynak sırasında, keyhole kararsızlıkları ya da levhalar arası boşluklardan kaynaklandığı düşünülmektedir. Levhalar arası boşluklar, sıkıştırma aygıtının her noktada muntazam bir sıkıştırma yapmamasından kaynaklanmaktadır. (Ozaki et al., 2010)' a göre, laser bindirme kaynak uygulamalarında laser ışınının odaklandığı yüzeye bir baskı makarası vasıtasıyla kuvvet uygulayarak malzemeler arasındaki boşluklar minimuma indirilebilmektedir.

9.2.3. SEM-EDX Analiz Sonuçları

Kaynaklı birleştirilmiş parçalarda en yüksek çekme-makaslama kuvvetine sahip olan deney numunelerinin kaynak kesitlerinde, intermetalik tabaka ve kaynak metalinin belirli bölgelerinde ölçülen sertlik noktalarında EDX analizleri yapılmıştır. EDX analizleri yapılan numuneler Şekil 9.61-9.70 arasında gösterilmiştir.

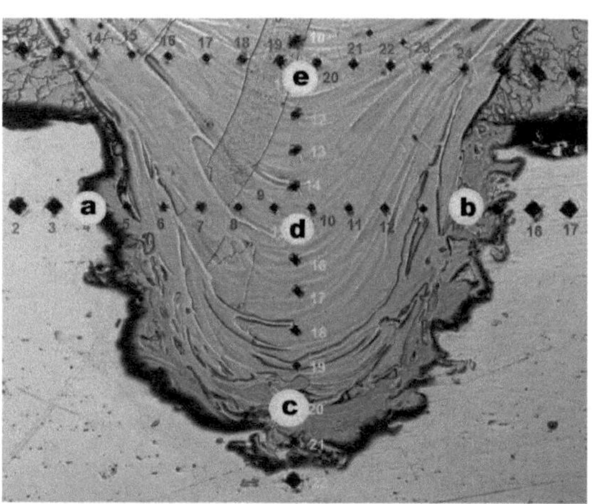

Şekil 9.61. 2200 W laser gücü ve 100 J/mm ısı girdisiyle ara malzemesiz yapılan birleştirmenin SEM-EDX noktaları.

2200 W laser gücü ve 100 J/mm ısı girdisi uygulanarak kaynak edilen deney numunesinin Şekil 9.61' de görülen harflerle belirtilmiş sertlik noktalarında yapılan

EDX analizinden elde edilen bilgiler, Fe-Al denge diyagramı yardımıyla değerlendirildiğinde Fe_3Al ve FeAl intermetalik bileşiklerinin oluştuğu saptanmıştır.

Şekil 9.61' de görülen sertlik noktalarının SEM görüntüleri, EDX analiz sonuçları ve mikro sertlik deneyi ölçüm sonuçları ile birlikte Şekil 9.61.a-b-c-d ve e' de gösterilmiştir. Buna göre Şekil 9.61a' da Fe_3Al, Şekil 9.61b ve c' de FeAl intermetalik bileşikleri belirlenmiştir. Şekil 9.61d ve e' de aluminyumca zengin çözelti bantlarının varlığı saptanmıştır.

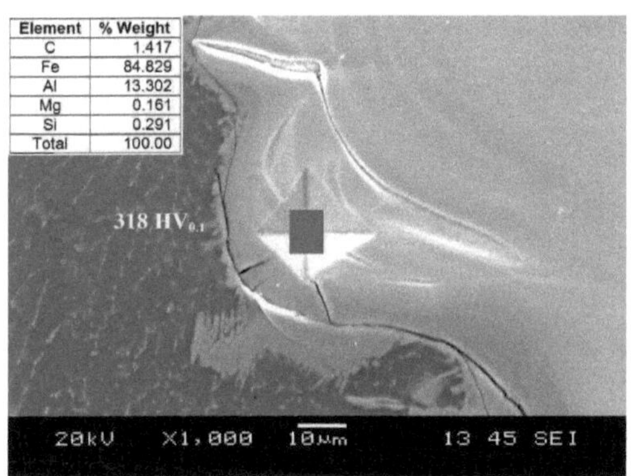

Şekil 9.61a. 2200 W laser gücü ve 100 J/mm ısı girdisiyle ara malzemesiz yapılan birleştirmenin 318 $HV_{0.1}$ sertliğe sahip noktasının EDX analizi.

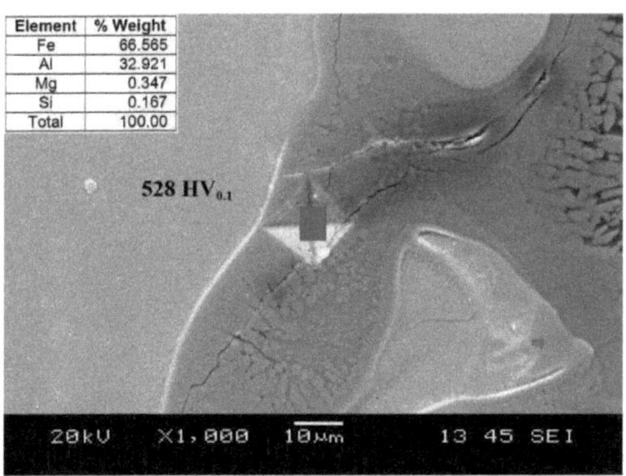

Şekil 9.61b. 2200 W laser gücü ve 100 J/mm ısı girdisiyle ara malzemesiz yapılan birleştirmenin 528 $HV_{0.1}$ sertliğe sahip noktasının EDX analizi.

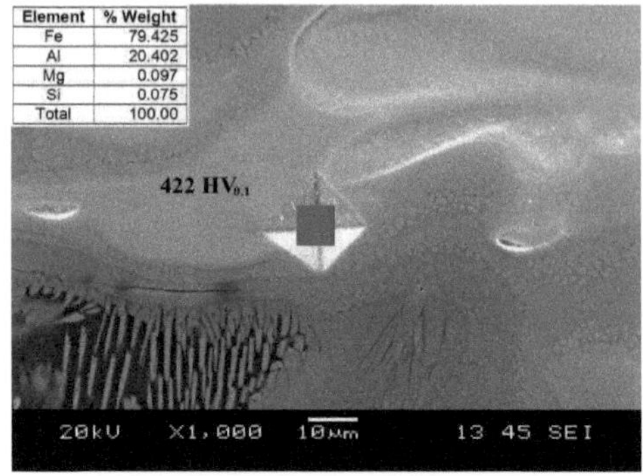

Şekil 9.61c. 2200 W laser gücü ve 100 J/mm ısı girdisiyle ara malzemesiz yapılan birleştirmenin 422 $HV_{0.1}$ sertliğe sahip noktasının EDX analizi.

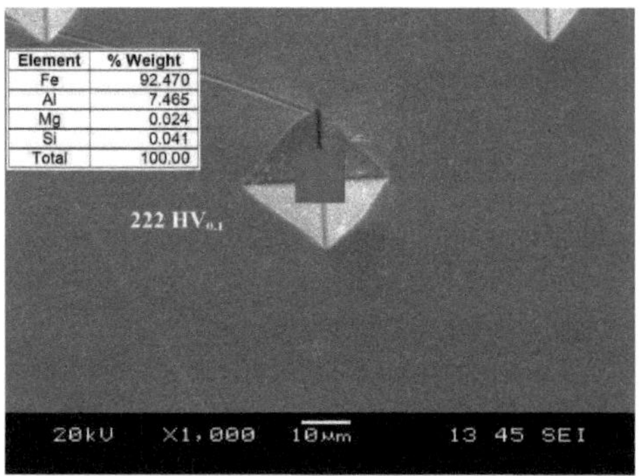

Şekil 9.61d. 2200 W laser gücü ve 100 J/mm ısı girdisiyle ara malzemesiz yapılan birleştirmenin 222 $HV_{0.1}$ sertliğe sahip noktasının EDX analizi.

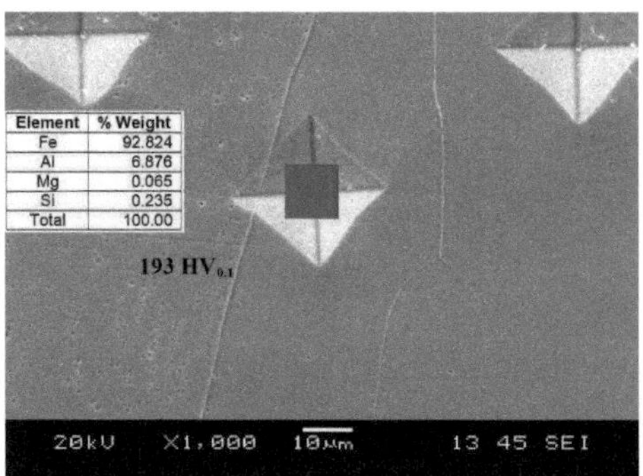

Şekil 9.61e. 2200 W laser gücü ve 100 J/mm ısı girdisiyle ara malzemesiz yapılan birleştirmenin 193 $HV_{0.1}$ sertliğe sahip noktasının EDX analizi.

a
b
c
d
e

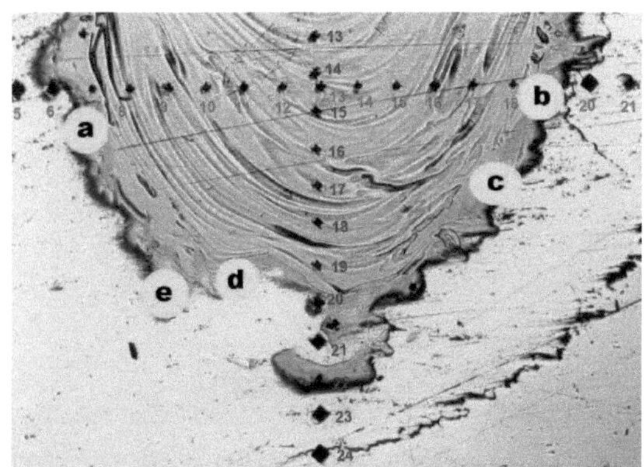

Şekil 9.62. 2400 W laser gücü ve 90 J/mm ısı girdisiyle ara malzemesiz yapılan birleştirmenin SEM-EDX noktaları.

2400 W laser gücü ve 90 J/mm ısı girdisi uygulanarak kaynak edilen deney numunesinin Şekil 9.62' de görülen harflerle belirtilmiş sertlik noktalarında yapılan EDX analizinden elde edilen bilgiler, Fe-Al denge diyagramı yardımıyla değerlendirildiğinde FeAl, $FeAl_2$ ve $FeAl_3$ intermetalik bileşiklerinin oluştuğu saptanmıştır.

Şekil 9.62' de görülen sertlik noktalarının SEM görüntüleri, EDX analiz sonuçları ve mikro sertlik deneyi ölçüm sonuçları ile birlikte Şekil 9.62a-b-c-d ve e' de gösterilmiştir. Buna göre Şekil 9.62a ve b' de FeAl, Şekil 9.62c ve d' de $FeAl_2$, Şekil 9.62e' de $FeAl_3$ intermetalik bileşikleri belirlenmiştir.

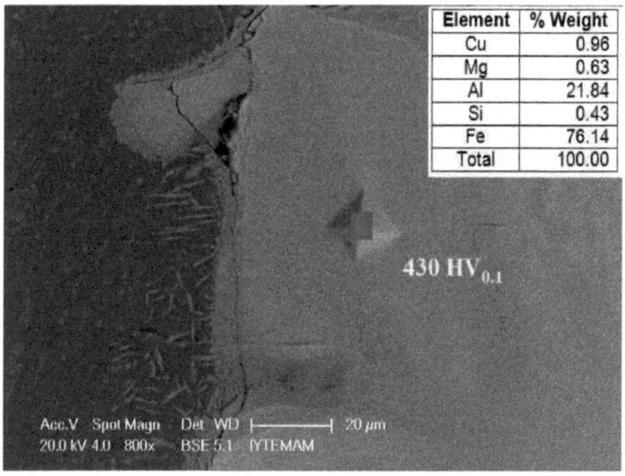

Element | % Weight
Cu | 0.96
Mg | 0.63
Al | 21.84
Si | 0.43
Fe | 76.14
Total | 100.00
430 HV0.1
Acc.V Spot Magn Det WD 20 µm
20.0 kV 4.0 800x BSE 5.1 IYTEMAM

Şekil 9.62a. 2400 W laser gücü ve 90 J/mm ısı girdisiyle ara malzemesiz yapılan birleştirmenin 430 $HV_{0.1}$ sertliğe sahip noktasının EDX analizi.

Element	% Weight
Cu	1.23
Mg	0.96
Al	29.04
Si	0.62
Fe	68.15
Total	100.00

Şekil 9.62b. 2400 W laser gücü ve 90 J/mm ısı girdisiyle ara malzemesiz yapılan birleştirmenin 568 $HV_{0.1}$ sertliğe sahip noktasının EDX analizi.

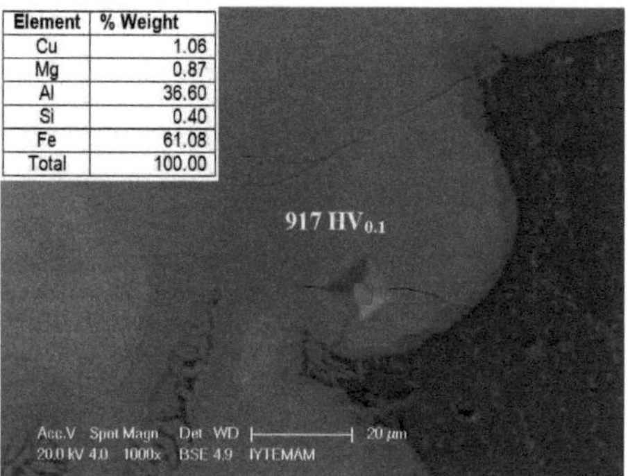

Element	% Weight
Cu	1.06
Mg	0.87
Al	36.60
Si	0.40
Fe	61.08
Total	100.00

Şekil 9.62c. 2400 W laser gücü ve 90 J/mm ısı girdisiyle ara malzemesiz yapılan birleştirmenin 917 $HV_{0.1}$ sertliğe sahip noktasının EDX analizi.

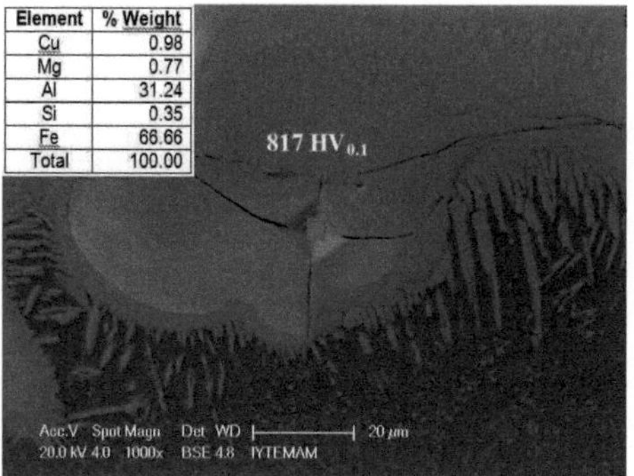

Element	% Weight
Cu	0.98
Mg	0.77
Al	31.24
Si	0.35
Fe	66.66
Total	100.00

Şekil 9.62d. 2400 W laser gücü ve 90 J/mm ısı girdisiyle ara malzemesiz yapılan birleştirmenin 817 $HV_{0.1}$ sertliğe sahip noktasının EDX analizi.

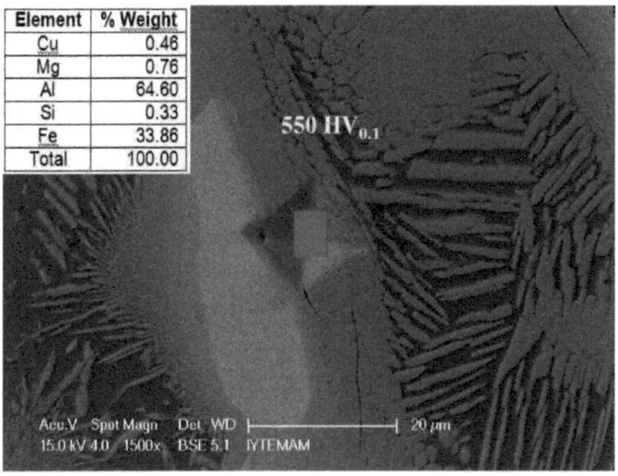

Element	% Weight
Cu	0.46
Mg	0.76
Al	64.60
Si	0.33
Fe	33.86
Total	100.00

550 HV$_{0.1}$

Acc.V Spot Magn Det WD 20 μm
15.0 kV 4.0 1500x BSE 5.1 IYTEMAM

Şekil 9.62e. 2400 W laser gücü ve 90 J/mm ısı girdisiyle ara malzemesiz yapılan birleştirmenin 550 HV$_{0.1}$ sertliğe sahip noktasının EDX analizi.

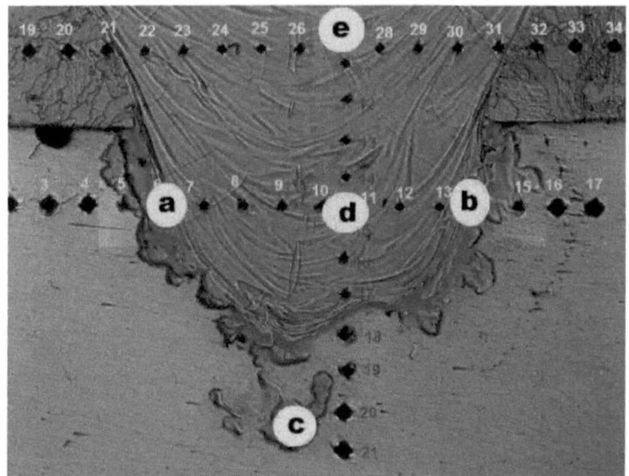

Şekil 9.63. 2800 W laser gücü ve 80 J/mm ısı girdisiyle ara malzemesiz yapılan birleştirmenin SEM-EDX noktaları.

2800 W laser gücü ve 80 J/mm ısı girdisi uygulanarak kaynak edilen deney numunesinin Şekil 9.63' de görülen sertlik noktalarında yapılan EDX analizinden elde edilen bilgiler, Fe-Al denge diyagramı yardımıyla değerlendirildiğinde Fe_3Al, FeAl ve $FeAl_3$ intermetalik bileşiklerinin oluştuğu saptanmıştır.

Şekil 9.63' de görülen sertlik noktalarının SEM görüntüleri, EDX analiz sonuçları ve mikro sertlik deneyi ölçüm sonuçları ile birlikte Şekil 9.63a-b-c-d ve e' de gösterilmiştir. Buna göre Şekil 9.63a' da Fe_3Al, Şekil 9.63b' de $FeAl_3$, Şekil 9.63c' de FeAl intermetalik bileşikleri belirlenmiştir. Şekil 9.63d ve e' de aluminyumca zengin çözelti bantlarının varlığı saptanmıştır.

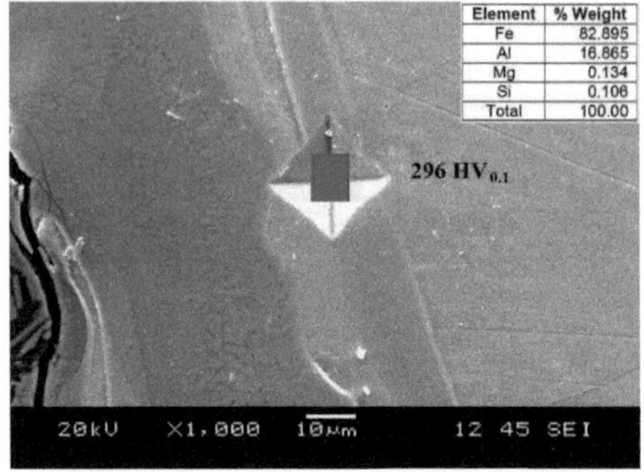

Element	% Weight
Fe	82.895
Al	16.865
Mg	0.134
Si	0.106
Total	100.00

Şekil 9.63a. 2800 W laser gücü ve 80 J/mm ısı girdisiyle ara malzemesiz yapılan birleştirmenin 296 $HV_{0.1}$ sertliğe sahip noktasının EDX analizi.

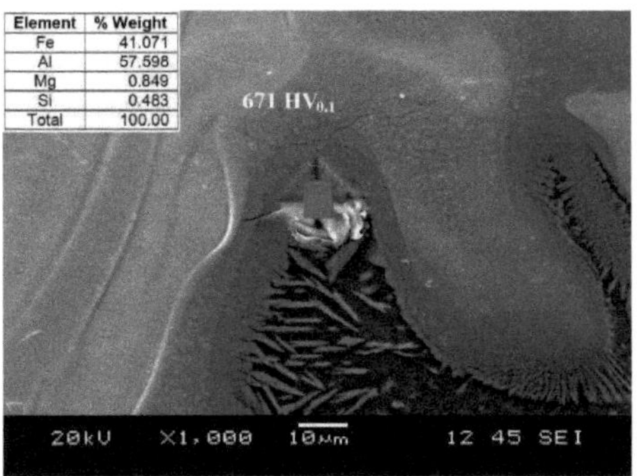

Element	% Weight
Fe	41.071
Al	57.598
Mg	0.849
Si	0.483
Total	100.00

Şekil 9.63b. 2800 W laser gücü ve 80 J/mm ısı girdisiyle ara malzemesiz yapılan birleştirmenin 671 $HV_{0.1}$ sertliğe sahip noktasının EDX analizi.

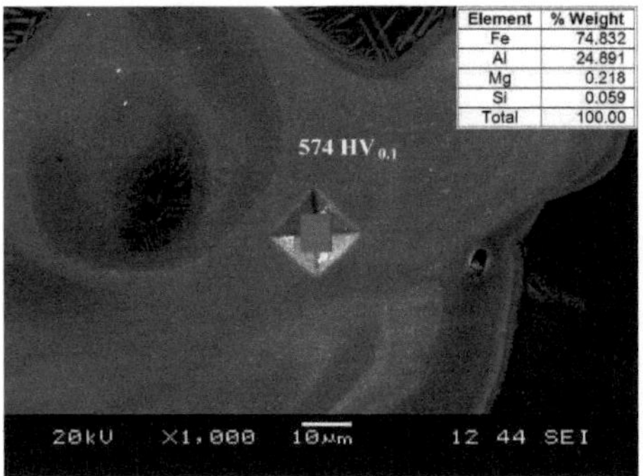

Element	% Weight
Fe	74.832
Al	24.891
Mg	0.218
Si	0.059
Total	100.00

Şekil 9.63c. 2800 W laser gücü ve 80 J/mm ısı girdisiyle ara malzemesiz yapılan birleştirmenin 574 $HV_{0.1}$ sertliğe sahip noktasının EDX analizi.

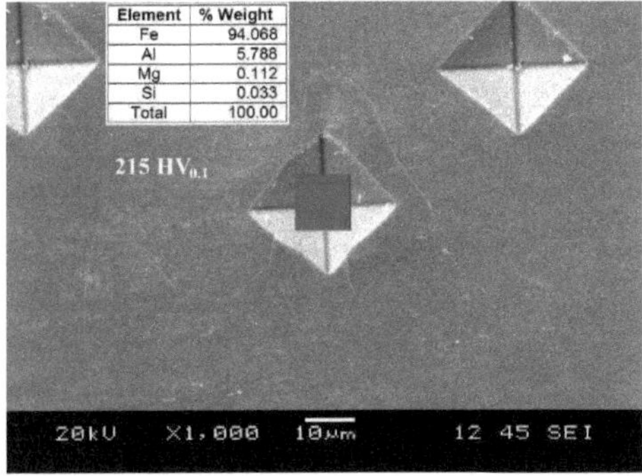

Şekil 9.63d. 2800 W laser gücü ve 80 J/mm ısı girdisiyle ara malzemesiz yapılan birleştirmenin 215 $HV_{0.1}$ sertliğe sahip noktasının EDX analizi.

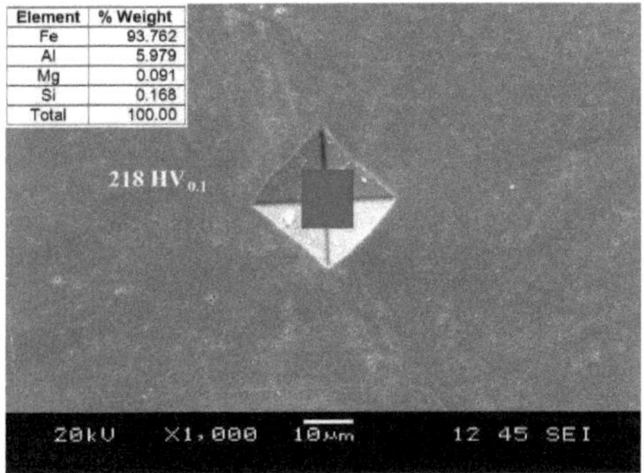

Şekil 9.63e. 2800 W laser gücü ve 80 J/mm ısı girdisiyle ara malzemesiz yapılan birleştirmenin 218 $HV_{0.1}$ sertliğe sahip noktasının EDX analizi.

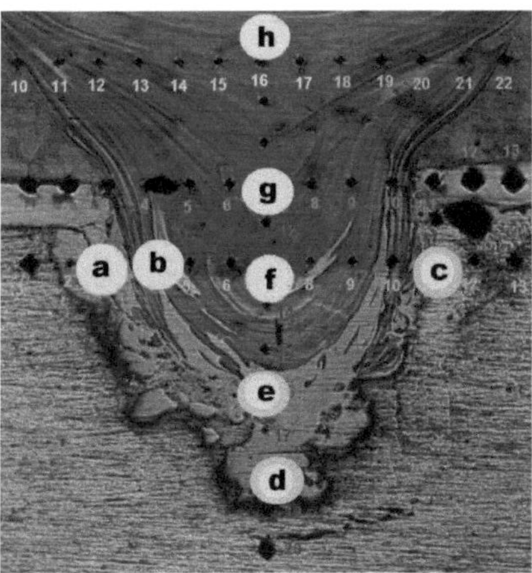

Şekil 9.64. 2200 W laser gücü ve 100 J/mm ısı girdisiyle bakır ara malzemeli yapılan birleştirmenin SEM-EDX noktaları.

2200 W laser gücü ve 100 J/mm ısı girdisi uygulanarak kaynak edilen deney numunesinin Şekil 9.64' de görülen harflerle belirtilmiş sertlik noktalarında yapılan EDX analizinden elde edilen bilgiler, Fe-Al denge diyagramı yardımıyla değerlendirildiğinde Fe_3Al ve FeAl intermetalik bileşiklerinin oluştuğu saptanmıştır.

Şekil 9.64' de görülen sertlik noktalarının SEM görüntüleri, EDX analiz sonuçları ve mikro sertlik deneyi ölçüm sonuçları ile birlikte Şekil 9.64a-b-c-d-e-f-g ve h' de gösterilmiştir. Buna göre Şekil 9.64a ve c' de Fe_3Al, Şekil 9.64d' de FeAl intermetalik bileşikleri belirlenmiştir. Şekil 9.64b-e-f-g ve h' de aluminyumca zengin çözelti bantlarının varlığı saptanmıştır.

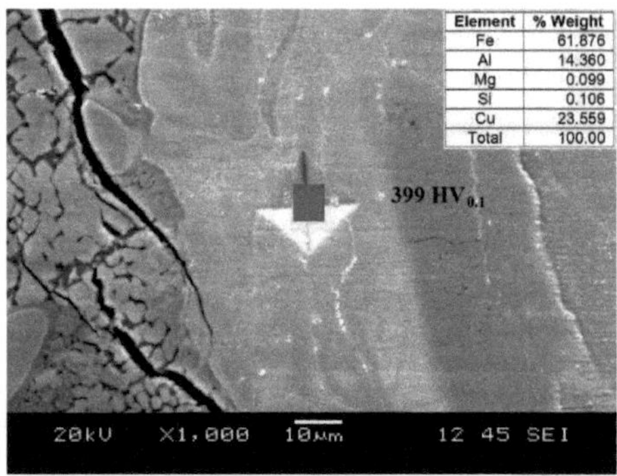

Element	% Weight
Fe	61.876
Al	14.360
Mg	0.099
Si	0.106
Cu	23.559
Total	100.00

Şekil 9.64a. 2200 W laser gücü ve 100 J/mm ısı girdisiyle bakır ara malzemeli yapılan birleştirmenin 399 $HV_{0.1}$ sertliğe sahip noktasının EDX analizi.

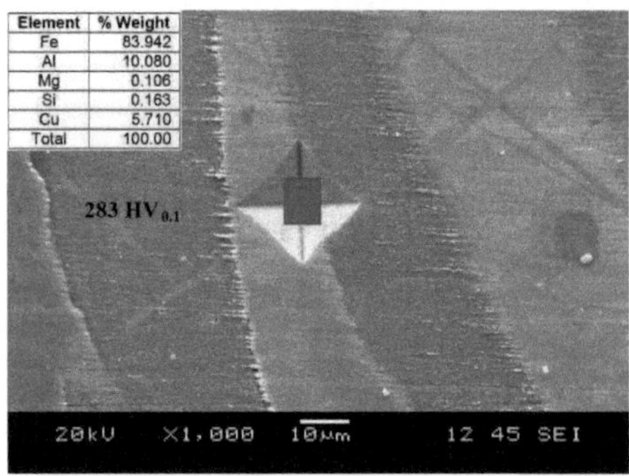

Element	% Weight
Fe	83.942
Al	10.080
Mg	0.106
Si	0.163
Cu	5.710
Total	100.00

Şekil 9.64b. 2200 W laser gücü ve 100 J/mm ısı girdisiyle bakır ara malzemeli yapılan birleştirmenin 283 $HV_{0.1}$ sertliğe sahip noktasının EDX analizi.

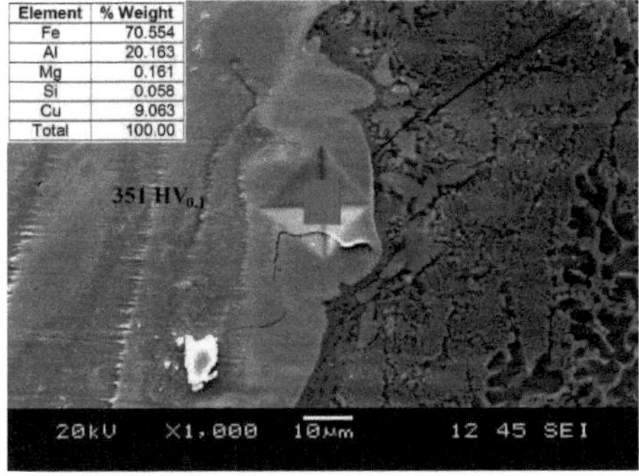

Şekil 9.64c. 2200 W laser gücü ve 100 J/mm ısı girdisiyle bakır ara malzemeli yapılan birleştirmenin 351 $HV_{0.1}$ sertliğe sahip noktasının EDX analizi.

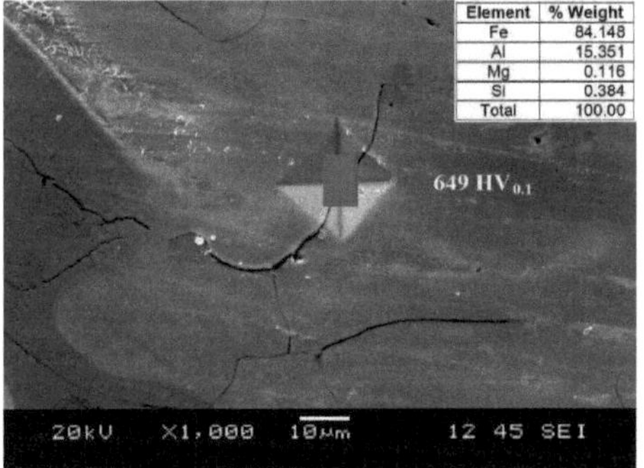

Şekil 9.64d. 2200 W laser gücü ve 100 J/mm ısı girdisiyle bakır ara malzemeli yapılan birleştirmenin 649 $HV_{0.1}$ sertliğe sahip noktasının EDX analizi.

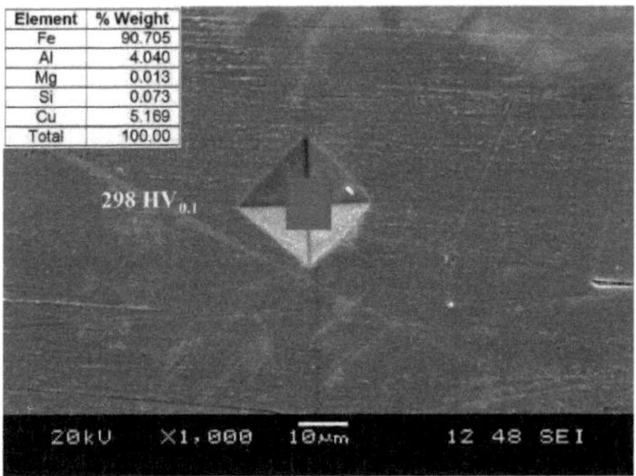

Şekil 9.64e. 2200 W laser gücü ve 100 J/mm ısı girdisiyle bakır ara malzemeli yapılan birleştirmenin 298 $HV_{0.1}$ sertliğe sahip noktasının EDX analizi.

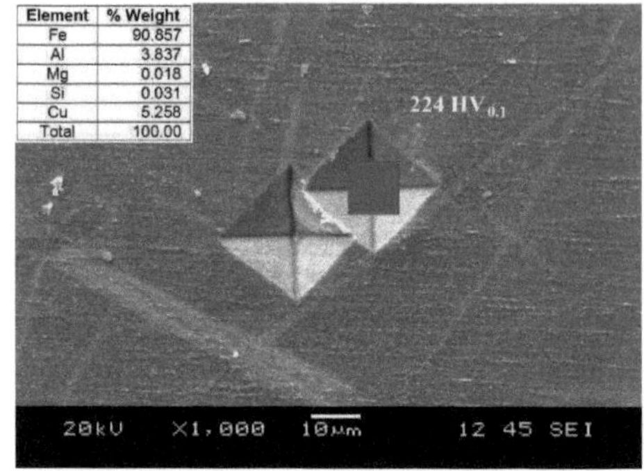

Şekil 9.64f. 2200 W laser gücü ve 100 J/mm ısı girdisiyle bakır ara malzemeli yapılan birleştirmenin 224 $HV_{0.1}$ sertliğe sahip noktasının EDX analizi.

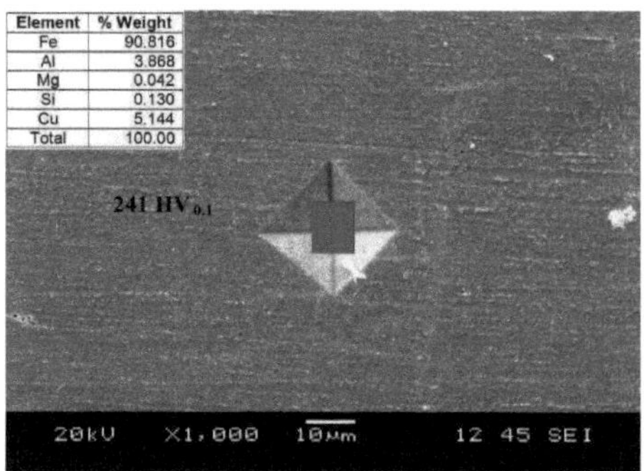

Şekil 9.64g. 2200 W laser gücü ve 100 J/mm ısı girdisiyle bakır ara malzemeli yapılan birleştirmenin 241 $HV_{0.1}$ sertliğe sahip noktasının EDX analizi.

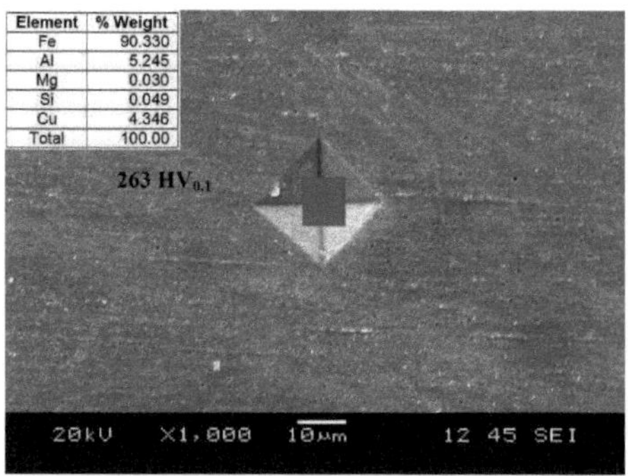

Şekil 9.64h. 2200 W laser gücü ve 100 J/mm ısı girdisiyle bakır ara malzemeli yapılan birleştirmenin 263 $HV_{0.1}$ sertliğe sahip noktasının EDX analizi.

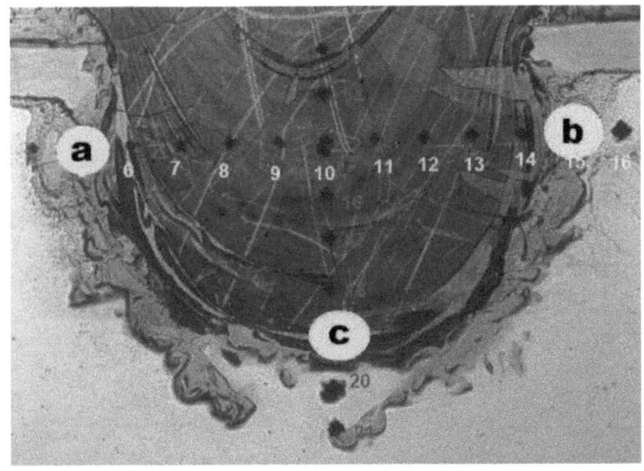

Şekil 9.65. 2400 W laser gücü ve 90 J/mm ısı girdisiyle bakır ara malzemeli yapılan birleştirmenin SEM-EDX noktaları.

2400 W laser gücü ve 90 J/mm ısı girdisi uygulanarak kaynak edilen deney numunesinin Şekil 9.65' de görülen harflerle belirtilmiş sertlik noktalarında yapılan EDX analizinden elde edilen bilgiler, Fe-Al denge diyagramı yardımıyla değerlendirildiğinde Fe_3Al ve FeAl intermetalik bileşiklerinin oluştuğu saptanmıştır.

Şekil 9.65' de görülen sertlik noktalarının SEM görüntüleri, EDX analiz sonuçları ve mikro sertlik deneyi ölçüm sonuçları ile birlikte Şekil 9.65a-b ve c' de gösterilmiştir. Buna göre Şekil 9.65a ve b' de FeAl, Şekil 9.65c' de Fe_3Al intermetalik bileşikleri belirlenmiştir.

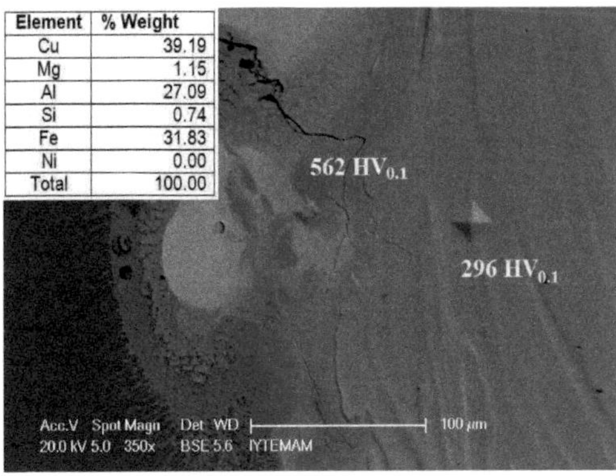

Element	% Weight
Cu	39.19
Mg	1.15
Al	27.09
Si	0.74
Fe	31.83
Ni	0.00
Total	100.00

Şekil 9.65a. 2400 W laser gücü ve 90 J/mm ısı girdisiyle bakır ara malzemeli yapılan birleştirmenin 562 $HV_{0.1}$ sertliğe sahip noktasının EDX analizi.

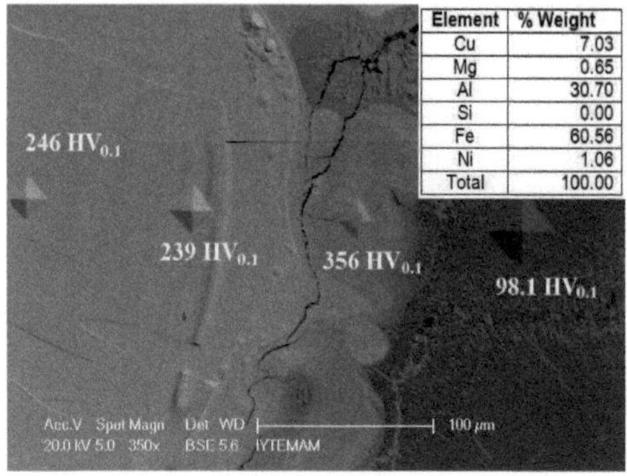

Element	% Weight
Cu	7.03
Mg	0.65
Al	30.70
Si	0.00
Fe	60.56
Ni	1.06
Total	100.00

Şekil 9.65b. 2400 W laser gücü ve 90 J/mm ısı girdisiyle bakır ara malzemeli yapılan birleştirmenin 356 $HV_{0.1}$ sertliğe sahip noktasının EDX analizi.

Element	% Weight
Cu	5.06
Mg	0.46
Al	14.49
Si	0.37
Fe	78.75
Ni	0.87
Total	100.00

281 $HV_{0.1}$

Şekil 9.65c. 2400 W laser gücü ve 90 J/mm ısı girdisiyle bakır ara malzemeli yapılan birleştirmenin 281 $HV_{0.1}$ sertliğe sahip noktasının EDX analizi.

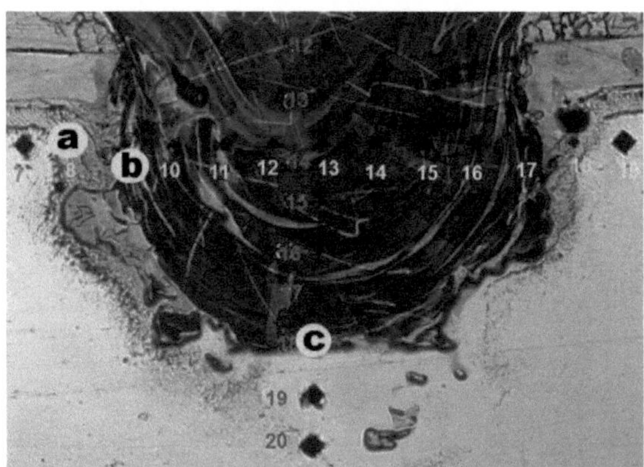

Şekil 9.66. 2600 W laser gücü ve 80 J/mm ısı girdisiyle bakır ara malzemeli yapılan birleştirmenin SEM-EDX noktaları.

2600 W laser gücü ve 80 J/mm ısı girdisi uygulanarak kaynak edilen deney numunesinin Şekil 9.66' da görülen harflerle belirtilmiş sertlik noktalarında yapılan EDX analizinden elde edilen bilgiler, Fe-Al denge diyagramı yardımıyla değerlendirildiğinde Fe_3Al intermetalik bileşiklerinin oluştuğu saptanmıştır.

Şekil 9.66' da görülen sertlik noktalarının SEM görüntüleri, EDX analiz sonuçları ve mikro sertlik deneyi ölçüm sonuçları ile birlikte Şekil 9.66a-b ve c' de gösterilmiştir. Buna göre Şekil 9.66a-b ve c' de Fe_3Al intermetalik bileşikleri belirlenmiştir.

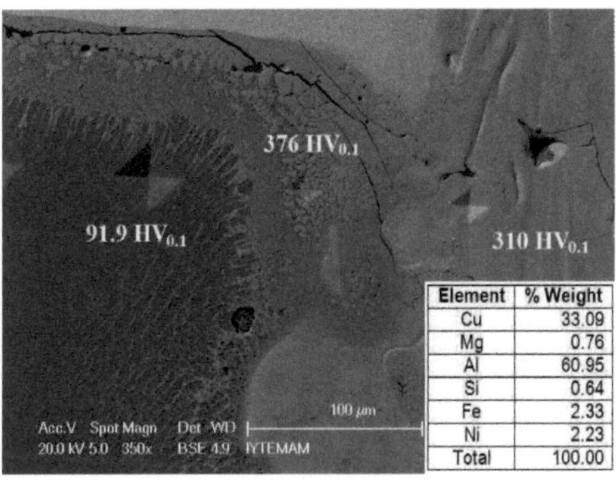

Element	% Weight
Cu	33.09
Mg	0.76
Al	60.95
Si	0.64
Fe	2.33
Ni	2.23
Total	100.00

Şekil 9.66a. 2600 W laser gücü ve 80 J/mm ısı girdisiyle bakır ara malzemeli yapılan birleştirmenin 376 $HV_{0.1}$ sertliğe sahip noktasının EDX analizi.

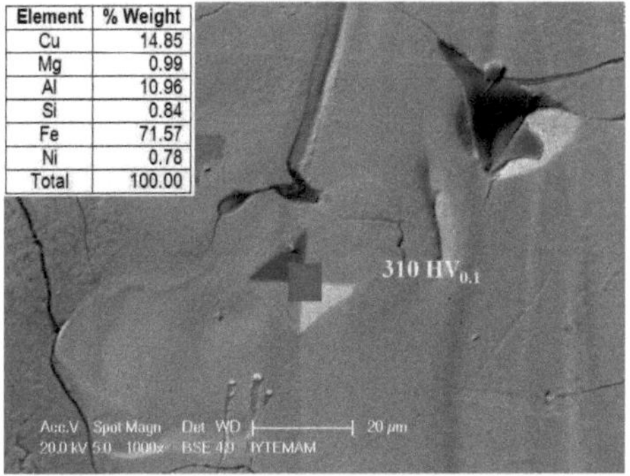

Element	% Weight
Cu	14.85
Mg	0.99
Al	10.96
Si	0.84
Fe	71.57
Ni	0.78
Total	100.00

Şekil 9.66b. 2600 W laser gücü ve 80 J/mm ısı girdisiyle bakır ara malzemeli yapılan birleştirmenin 310 $HV_{0.1}$ sertliğe sahip noktasının EDX analizi.

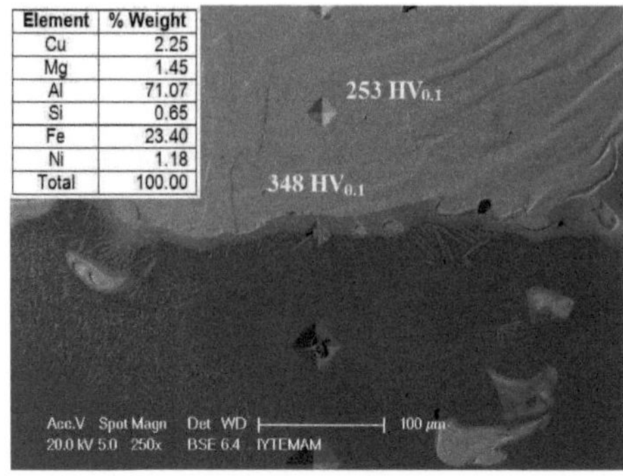

Element	% Weight
Cu	2.25
Mg	1.45
Al	71.07
Si	0.65
Fe	23.40
Ni	1.18
Total	100.00

Şekil 9.66c. 2600 W laser gücü ve 80 J/mm ısı girdisiyle bakır ara malzemeli yapılan birleştirmenin 348 $HV_{0.1}$ sertliğe sahip noktasının EDX analizi.

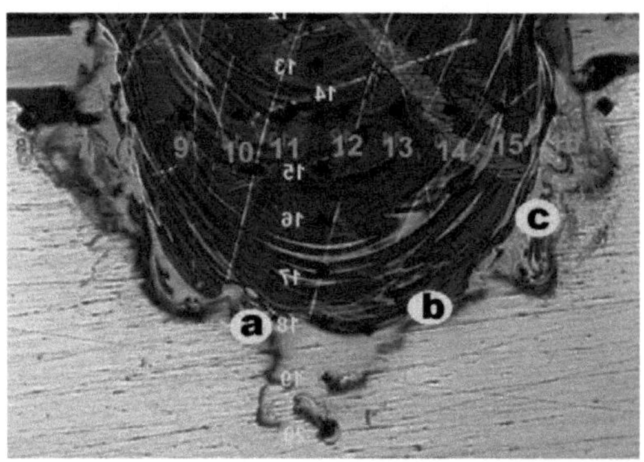

Şekil 9.67. 2800 W laser gücü ve 80 J/mm ısı girdisiyle bakır ara malzemeli yapılan birleştirmenin SEM-EDX noktaları.

2800 W laser gücü ve 80 J/mm ısı girdisi uygulanarak kaynak edilen deney numunesinin Şekil 9.67' de görülen harflerle belirtilmiş sertlik noktalarında yapılan EDX analizinden elde edilen bilgiler, Fe-Al denge diyagramı yardımıyla değerlendirildiğinde FeAl intermetalik bileşiklerinin oluştuğu saptanmıştır.

Şekil 9.67' de görülen sertlik noktalarının SEM görüntüleri, EDX analiz sonuçları ve mikro sertlik deneyi ölçüm sonuçları ile birlikte Şekil 9.67a-b ve c' de gösterilmiştir. Buna göre Şekil 9.67a ve b' de FeAl intermetalik bileşikleri belirlenmiştir. Şekil 9.67c' de aluminyumca zengin çözelti bantlarının varlığı saptanmıştır.

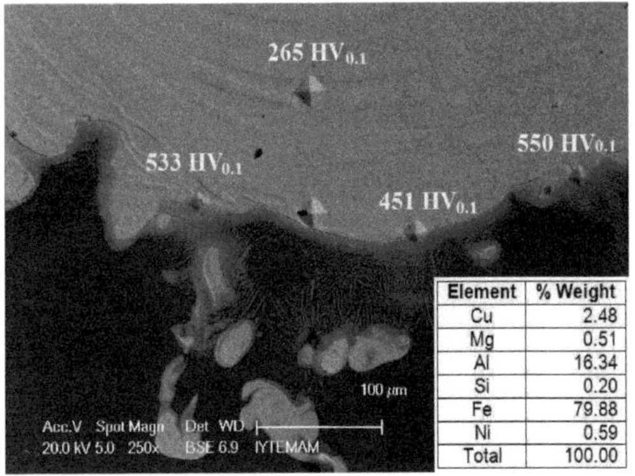

265 HV0.1
533 HV0.1
550 HV0.1
451 HV0.1
100 µm
Acc.V Spot Magn Det WD
20.0 kV 5.0 250x BSE 6.9 IYTEMAM

Element	% Weight
Cu	2.48
Mg	0.51
Al	16.34
Si	0.20
Fe	79.88
Ni	0.59
Total	100.00

Şekil 9.67a. 2800 W laser gücü ve 80 J/mm ısı girdisiyle bakır ara malzemeli yapılan birleştirmenin 533 $HV_{0.1}$ sertliğe sahip noktasının EDX analizi.

550 HV0.1
Acc.V Spot Magn Det WD
20.0 kV 5.0 800x BSE 5.5 IYTEMAM
20 µm

Element	% Weight
Cu	2.87
Mg	0.69
Al	28.88
Si	0.18
Fe	66.40
Ni	0.98
Total	100.00

Şekil 9.67b. 2800 W laser gücü ve 80 J/mm ısı girdisiyle bakır ara malzemeli yapılan birleştirmenin 550 $HV_{0.1}$ sertliğe sahip noktasının EDX analizi.

357 HV0.1
Acc.V Spot Magn Det WD
20.0 kV 5.0 250x BSE 5.5 IYTEMAM
100 µm

Element	% Weight
Cu	2.31
Mg	0.24
Al	8.36
Si	0.17
Fe	88.54
Ni	0.38
Total	100.00

Şekil 9.67c. 2800 W laser gücü ve 80 J/mm ısı girdisiyle bakır ara malzemeli yapılan birleştirmenin 357 $HV_{0.1}$ sertliğe sahip noktasının EDX analizi.

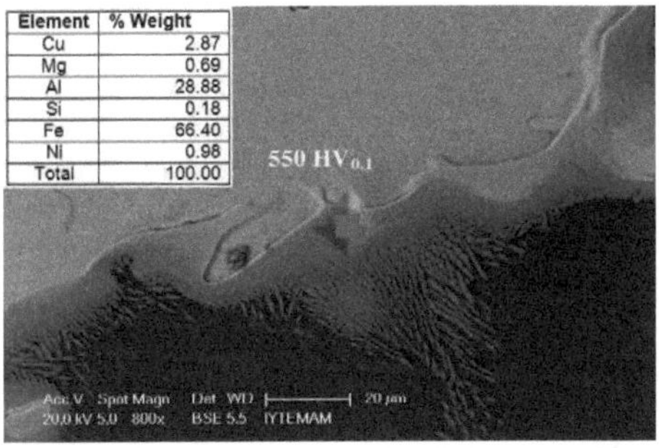

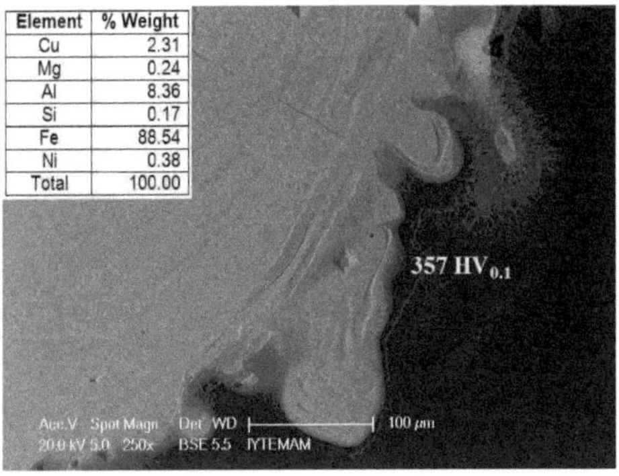

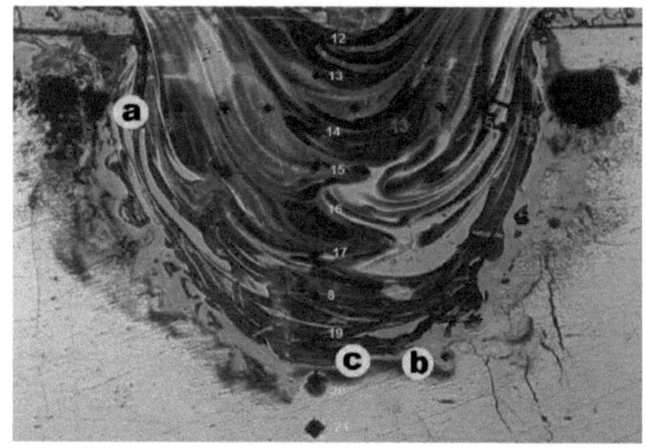

Şekil 9.68. 3000 W laser gücü ve 80 J/mm ısı girdisiyle bakır ara malzemeli yapılan birleştirmenin SEM-EDX noktaları.

3000 W laser gücü ve 80 J/mm ısı girdisi uygulanarak kaynak edilen deney numunesinin Şekil 9.68' de görülen harflerle belirtilmiş sertlik noktalarında yapılan EDX analizinden elde edilen bilgiler, Fe-Al denge diyagramı yardımıyla değerlendirildiğinde $FeAl_3$ intermetalik bileşiklerinin oluştuğu saptanmıştır.

Şekil 9.68' de görülen sertlik noktalarının SEM görüntüleri, EDX analiz sonuçları ve mikro sertlik deneyi ölçüm sonuçları ile birlikte Şekil 9.68a-b ve c' de gösterilmiştir. Buna göre Şekil 9.68b ve c' de $FeAl_3$ intermetalik bileşikleri belirlenmiştir. Şekil 9.68a' da aluminyumca zengin çözelti bantlarının varlığı saptanmıştır.

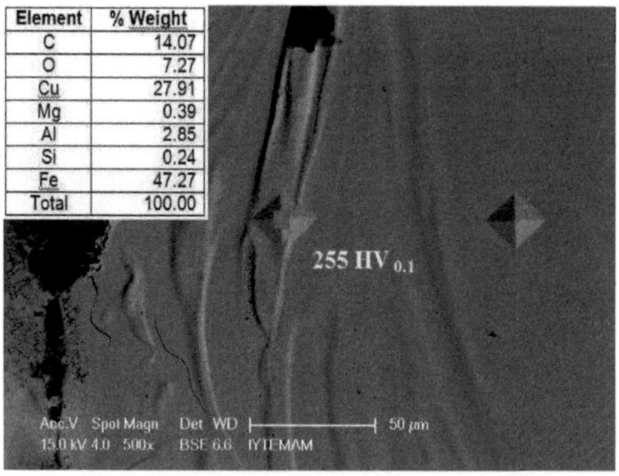

Element	% Weight
C	14.07
O	7.27
Cu	27.91
Mg	0.39
Al	2.85
Si	0.24
Fe	47.27
Total	100.00

255 HV 0.1

Şekil 9.68a. 3000 W laser gücü ve 80 J/mm ısı girdisiyle bakır ara malzemeli yapılan birleştirmenin 255 $HV_{0.1}$ sertliğe sahip noktasının EDX analizi.

Element	% Weight
Cu	8.07
Mg	3.22
Al	76.12
Si	2.39
Fe	10.20
Total	100.00

816 $HV_{0.1}$

340 $HV_{0.1}$

Acc.V Spot Magn Det WD 50 µm
15.0 kV 4.0 650x BSE 5.1 IYTEMAM

Şekil 9.68b. 3000 W laser gücü ve 80 J/mm ısı girdisiyle bakır ara malzemeli yapılan birleştirmenin 816 $HV_{0.1}$ sertliğe sahip noktasının EDX analizi.

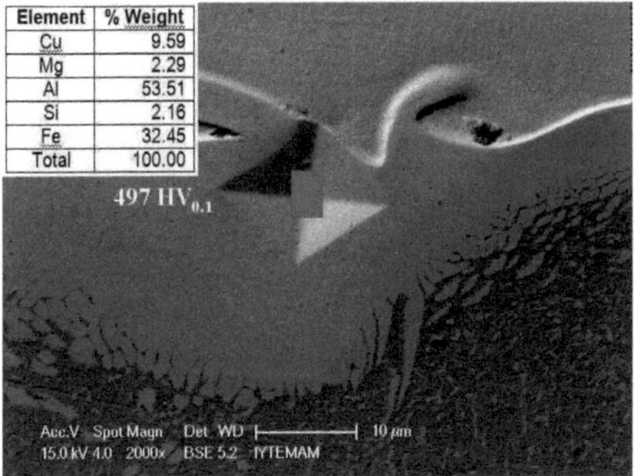

Element	% Weight
Cu	9.59
Mg	2.29
Al	53.51
Si	2.16
Fe	32.45
Total	100.00

Şekil 9.68c. 3000 W laser gücü ve 80 J/mm ısı girdisiyle bakır ara malzemeli yapılan birleştirmenin 497 $HV_{0.1}$ sertliğe sahip noktasının EDX analizi.

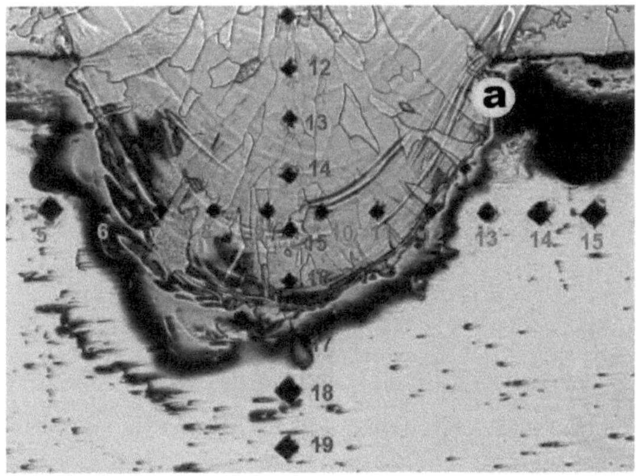

Şekil 9.69. 2600 W laser gücü ve 80 J/mm ısı girdisiyle nikel ara malzemeli yapılan birleştirmenin SEM-EDX noktaları.

2600 W laser gücü ve 80 J/mm ısı girdisi uygulanarak kaynak edilen deney numunesinin Şekil 9.69' da görülen harfle belirtilmiş sertlik noktasında yapılan EDX analizinden elde edilen bilgiler, Fe-Al denge diyagramı yardımıyla değerlendirildiğinde $FeAl_3$ intermetalik bileşiğinin oluştuğu saptanmıştır.

Şekil 9.69' da görülen sertlik noktasının SEM görüntüsü, EDX analiz sonuçları ve mikro sertlik deneyi ölçüm sonucu ile birlikte Şekil 9.69a' da gösterilmiştir. Buna göre Şekil 9.69a' da $FeAl_3$ intermetalik bileşiği belirlenmiştir.

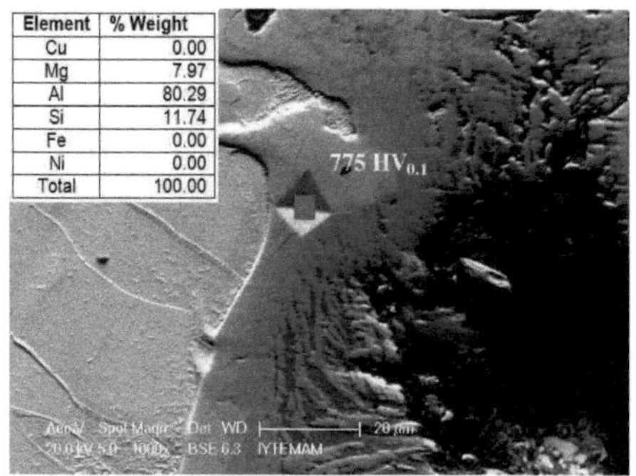

Element	% Weight
Cu	0.00
Mg	7.97
Al	80.29
Si	11.74
Fe	0.00
Ni	0.00
Total	100.00

Şekil 9.69a. 2600 W laser gücü ve 80 J/mm ısı girdisiyle nikel ara malzemeli yapılan birleştirmenin 775 $HV_{0.1}$ sertliğe sahip noktasının EDX analizi.

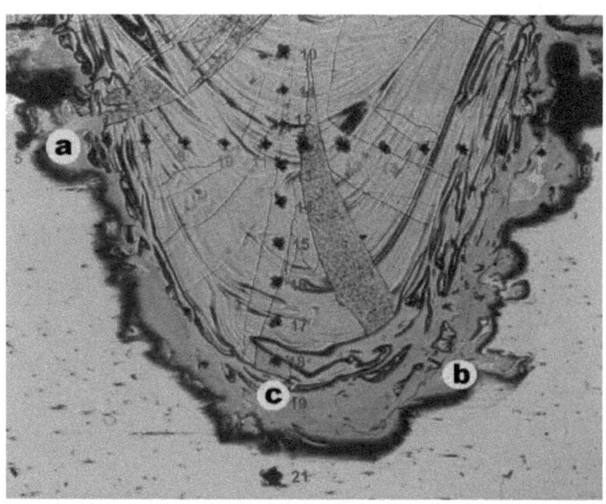

Şekil 9.70. 3000 W laser gücü ve 80 J/mm ısı girdisiyle nikel ara malzemeli yapılan birleştirmenin SEM-EDX noktaları.

3000 W laser gücü ve 80 J/mm ısı girdisi uygulanarak kaynak edilen deney numunesinin Şekil 9.70' de görülen harflerle belirtilmiş sertlik noktalarında yapılan EDX analizinden elde edilen bilgiler, Fe-Al denge diyagramı yardımıyla değerlendirildiğinde Fe_3Al ve $FeAl_3$ intermetalik bileşiklerinin oluştuğu saptanmıştır.

Şekil 9.70' de görülen sertlik noktalarının SEM görüntüleri, EDX analiz sonuçları ve mikro sertlik deneyi ölçüm sonuçları ile birlikte Şekil 9.70a-b ve c' de gösterilmiştir. Buna göre Şekil 9.70a ve b' de $FeAl_3$ intermetalik bileşikleri, Şekil 9.70c' de Fe_3Al intermetalik bileşikleri belirlenmiştir.

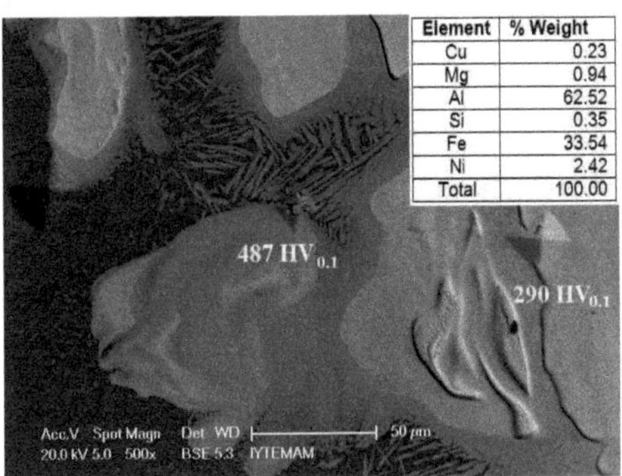

Element	% Weight
Cu	0.23
Mg	0.94
Al	62.52
Si	0.35
Fe	33.54
Ni	2.42
Total	100.00

Şekil 9.70a. 3000 W laser gücü ve 80 J/mm ısı girdisiyle nikel ara malzemeli yapılan birleştirmenin 487 $HV_{0.1}$ sertliğe sahip noktasının EDX analizi.

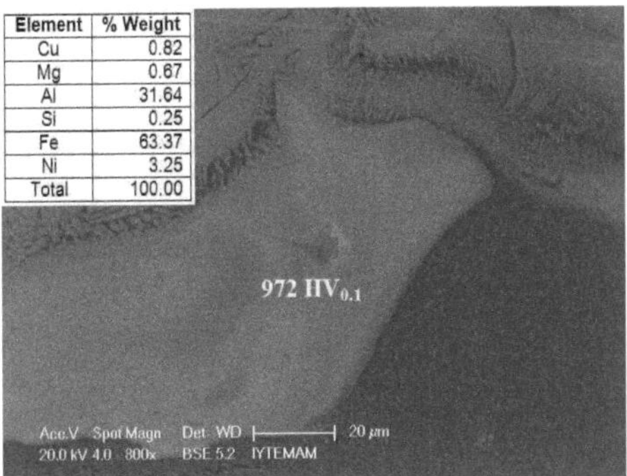

Element	% Weight
Cu	0.82
Mg	0.67
Al	31.64
Si	0.25
Fe	63.37
Ni	3.25
Total	100.00

Şekil 9.70b. 3000 W laser gücü ve 80 J/mm ısı girdisiyle nikel ara malzemeli yapılan birleştirmenin 972 $HV_{0.1}$ sertliğe sahip noktasının EDX analizi.

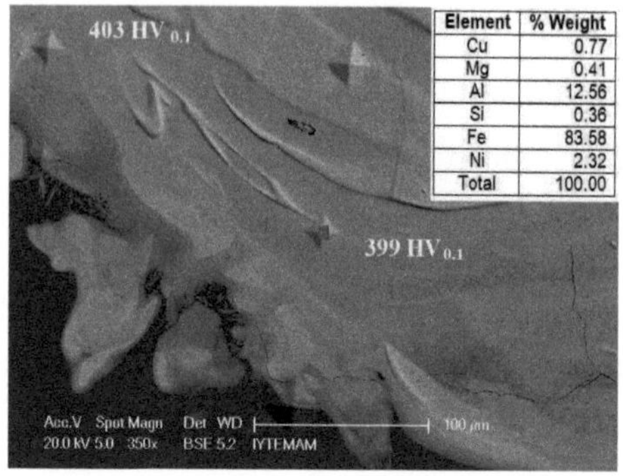

Element	% Weight
Cu	0.77
Mg	0.41
Al	12.56
Si	0.36
Fe	83.58
Ni	2.32
Total	100.00

Şekil 9.70c. 3000 W laser gücü ve 80 J/mm ısı girdisiyle nikel ara malzemeli yapılan birleştirmenin 399 $HV_{0.1}$ sertliğe sahip noktasının EDX analizi.

10. SONUÇLAR

Bu çalışmada düşük karbonlu çelik (DC04) ile aluminyum alaşımı (6061-T6) malzemelerin laser bindirme kaynak işlemleri ve sonuçları incelenmiştir. Laser bindirme kaynak işlemleri, ara malzemesiz, bakır ara malzemeli ve nikel ara malzemeli olmak üzere üç farklı durumda gerçekleştirilmiştir. Laser kaynak parametreleri, ısı girdisi dikkate alınarak belirlenmiştir. 2200, 2400, 2600, 2800 ve 3000 W laser gücü ve 60, 70, 80, 90 ve 100 J/mm ısı girdisi uygulanarak kaynaklı birleştirmeler gerçekleştirilmiştir. Kaynaklı bağlantılara, mikro sertlik ve çekme-makaslama deneylerini kapsayan mekanik deneyler uygulanmış, metalografik deneyler kapsamında optik mikroskop görüntüleri, SEM görüntüleri ve EDX analizleri incelenmiş ve aşağıdaki sonuçlar elde edilmiştir:

1- Çelik-aluminyum (aluminyum üzeri çelik) laser bindirme kaynaklı bağlantılarda laser kaynak parametrelerine bağlı olarak ısı girdisinin artması dolayısıyla nüfuziyet derinliklerinin arttığı görülmüştür. Çelik-aluminyum malzemelerin laser bindirme kaynağında (aluminyumun altta olduğu bağlantı tipinde) aluminyumda elde edilen nüfuziyet değerinin artması kaynak dayanımını düşürmektedir. Bu sonuç çekme-makaslama deneyleri yapılan kaynaklı parçaların nüfuziyet incelemelerinde doğrulanmıştır.
2- Kaynaklı bağlantılarda, çelik tarafındaki kaynak izi boyunca aynı doğrultuda aluminyumun alt kısmında gözle görülür şekilde bir çıkıntı beliren numuneler olmuştur. Bu numunelerin çekme-makaslama kuvveti değerlerinin deneyler sonucunda düşük olduğu saptanmıştır. Bu numunelerin mikroskop altında kaynak kesitleri incelendiğinde nüfuziyetin fazla olduğu görülmüştür. Dolayısıyla çelik-aluminyum laser bindirme bağlantılarında nüfuziyetin fazla olmasının dayanımı düşürdüğü sonucuna varılmıştır. Nüfuziyet derinlikleri yaklaşık 500-600 mikron seviyelerinde olan numuneler en yüksek çekme-makaslama değerlerini vermektedir.
3- Çekme-makaslama kuvveti sonuçları incelendiğinde, en yüksek çekme-makaslama kuvvet değerleri;

- Ara malzemesiz 1428 N (2200 W laser gücü, 100 J/mm ısı girdisi),
- Bakır ara malzemeli 1424 N (2600 W laser gücü, 90 J/mm ısı girdisi),
- Nikel ara malzemeli 1361 N (2600 W laser gücü, 80 J/mm ısı girdisi),

olarak elde edilmiştir. Çekme-makaslama kuvvet değerinin numunenin kaynak uzunluğuna bölünmesiyle elde edilen doğrusal dayanım (lineer dayanım) değerleri, yukarıdaki sonuçlara göre ara malzemesiz numunelerde 143 N/mm, bakır ara malzemeli numunelerde 142 N/mm, nikel ara malzemeli örneklerde 136 N/mm olarak saptanmıştır.

4- Bakır ara malzemeli olarak gerçekleştirilen kaynaklı birleştirmelerde, 60 J/mm ısı girdisi ve sırasıyla 2200-2400-2600-2800-3000 W laser gücü uygulanması durumunda kaynaklı birleştirmelerin her birinde yetersiz bağlantı elde edilmiştir. Bağlantı arayüzeylerinde aluminyum malzemede herhangi bir ergime meydana gelmemiştir. Ara malzemesiz ve nikel ara malzemeli kaynaklı birleştirmelerde 60 J/mm ısı girdisi uygulanması durumunda bazı laser güçlerinde kaynak bağlantısı gerçekleşmemiştir. Bu durumun sıkıştırma aygıtının düzensiz sıkmasından kaynaklanan, malzemeler arasındaki boşlukların varlığından kaynaklandığı düşünülmektedir.

5- Ara malzemesiz ve nikel ara malzeme ile yapılan kaynaklı birleştirmelerde çekme-makaslama deneyleri sonucunda kırılmanın, ergime bölgesinin aluminyum tarafında olduğu ve aluminyuma nüfuz etmiş bu ergime bölgesinin bütünüyle çelik tarafında kaldığı görülmüştür. Bu durumun kaynaklı bağlantıların birleşme bölgesinde oluşan yüksek sertlikteki kırılgan intermetalik fazlardan kaynaklandığı düşünülmektedir.

6- Bakır ara malzemeli yapılan kaynaklı birleştirmeler içinde 2200 W laser gücü ve 100 J/mm ısı girdisi, 2400 W laser gücü ve 90 J/mm ısı girdisi uygulanarak birleştirilmiş deney örnekleriyle yapılan çekme-makaslama deneyleri sonucunda kırılmanın, ergime bölgesinin aluminyum tarafında olduğu ve aluminyuma nüfuz etmiş ergime bölgesinin bütünüyle çelik tarafında kaldığı görülmüştür. 2600 W laser gücü ve 90 J/mm ısı girdisi parametreleriyle birleştirilen örneklerde ise kırılmanın çelik parçanın ısıdan etkilenmiş bölgesinde olduğu görülmüştür. Bunun sebebi olarak hızlı soğuma sonucu IEB sertliğinin artması olduğu düşünülmektedir.

7- SEM görüntülerinin incelenmesi sonucunda, aluminyum tarafında metalurjik yapışmanın meydana geldiği ara yüzeyde oluşan intermetalik faz tabakasının aluminyum tarafına doğru testere ağzı biçiminde oluşumlar gösterdiği saptanmıştır. Bu oluşumlar, literatür çalışmalarıyla örtüşmektedir.

8- Ara malzemesiz olarak gerçekleştirilen kaynaklı birleştirmelerde, sertlik deneyleri ve EDX analiz sonuçları ile Fe-Al denge diyagramı göz önüne alınarak yapılan değerlendirmeler sonucunda Fe_3Al, FeAl, $FeAl_2$ ve $FeAl_3$ intermetalik fazlarının oluştuğu saptanmıştır.

9- Bakır ara malzemeli olarak gerçekleştirilen kaynaklı birleştirmelerde sertlik deneyleri ve EDX analiz sonuçları ile Fe-Al denge diyagramı göz önüne alınarak yapılan değerlendirmeler sonucunda Fe_3Al, FeAl ve $FeAl_3$ intermetalik fazlarının oluştuğu saptanmıştır.

10- Nikel ara malzemeli olarak gerçekleştirilen kaynaklı birleştirmelerde sertlik deneyleri ve EDX analiz sonuçları ile Fe-Al denge diyagramı göz önüne alınarak yapılan değerlendirmeler sonucunda FeAl, $FeAl_2$ ve $FeAl_3$ intermetalik fazlarının oluştuğu saptanmıştır.

11. ÖNERİLER

Bu tezdeki deneysel çalışmalarda, 3 kW gücünde Nd:YAG laser makinası kullanılarak çelik ve aluminyum sacların laser bindirme kaynakları gerçekleştirilmiştir. Bu laser makinasıyla istenen özelliklerde kaynaklı bağlantılar gerçekleştirilebilir. Bununla birlikte daha yüksek güç yoğunluğuna sahip bir Nd:YAG laser makinası ya da laser ışın kalitesi daha iyi olan bir laser (özellikle fiber laser) makinası ile bindirme kaynak bağlantısı çalışmaları denenebilir. Bu şekilde daha iyi kaynak bağlantısı sonuçlarının elde edilebileceği düşünülmektedir.

Laser bindirme kaynağı uygulamalarında birleştirilecek olan endüstriyel yapı için, özel sıkıştırma donanımı kullanılmasının çok önemli olduğu açıktır. Bu yüzden kaynaklı birleştirilecek parçalar arasında minimum boşluk kalmasını sağlayacak sıkıştırma aygıtının önceden tasarlanması ve hazırlanması büyük önem arzetmektedir.

Çekme-makaslama deney sonuçları incelendiğinde bakır ara malzemeli kaynaklı birleştirmelerde elde edilen doğrusal dayanım değerleri ile ara malzemesiz olarak kaynaklanan birleştirmelerde elde edilen değerler birbirine yakın çıkmıştır. Fakat bakır ara malzeme kullanılması durumunda çelik-aluminyum kaynaklı bağlantılarında ortaya çıkan ve dayanımı düşüren intermetalik fazlardan $FeAl_2$ ve $FeAl_3$ gibi düşük tokluğa ve yüksek kırılganlığa sahip fazların oluşmadığı görülmüştür. Dolayısıyla bakır ara malzeme kullanılmasının, kaynak bağlantısının mekanik özelliklerine olumlu etkileri olabileceği söylenebilir. Ayrıca, deneysel çalışmalarda kullanılan bakır ara malzemenin kalınlığı 0.1 mm' dir. Farklı kalınlıklarda ara malzeme kulanımı, kaynak bağlantı kalitesini olumlu yönde etkileyebilir. Bu sebeple, bindirme bağlantısında kullanılan bakır ara malzeme kalınlığının, kaynaklı bağlantının kaynak kalitesine ne gibi etkileri olacağının belirlenmesi için ek deneysel çalışmalar yapılması faydalı olacaktır.

KAYNAKLAR DİZİNİ

Ahmed, M.A., Haefner, M., Vogel, M., Pruss, C., Voss, A., Osten, W. and Graf, T., 2011, High-Power Radially Polarized Yb:YAG Thin-Disk Laser with High Efficiency, *Optics Express*, Volume: 19, Issue: 6, Publisher: OSA, Pages: 5093-5104.

Anawa, E.M., and Olabi, A.G., 2006, Effects of Laser Welding Conditions on Toughness of Dissimilar Welded Components, *Applied Mechanics and Materials,* 5-6:375-380.

Anık, S., 1991, Kaynak Tekniği El Kitabı, *Gedik Eğitim Vakfı-Kaynak Teknolojisi Eğitim Araştırma ve Muayene Enstitüsü*, İstanbul, 250s.

Anık, S. ve Vural, M., 2007, Kaynak Dikişlerindeki Sıcak Çatlakların Nedenleri ve Önlenmesi, *Mühendis ve Makine,* 48(573):52-54.

Assunção, E., Quintino, L. And Miranda, R., 2009, Comparative Study of Laser Welding in Tailor Blanks for The Automotive Industry, *The International Journal of Advanced Manufacturing Technology*, *49*(1-4), 123-131.

Balasubramanian, K.R., Siva S.N., Buvanashekaran, G. and Sankaranarayanasamy, K, 2008, Numerical and Experimental Investigation of Laser Beam Welding of AISI 304 Stainless Steel Sheet, *Advances in Production Engineering & Management*, 3(2):93-105.

Batahgy, A.E. and Kutsuna, M., 2009, Laser Beam Welding of AA5052, AA5083, and AA6061 Aluminum Alloys, *Advances in Materials Science and Engineering,* 2009:1-9.

Beach, R.J., Feit, M.D., Mitchell, S.C., Cutter, K.P., Payne, S.A., Mead, R.W., Hayden, J.S., Krashkevich, D. and Alunni, D.A., "Phase-Locked Antiguided Multiple-Core Ribbon Fiber", https://ipo.llnl.gov/?q=technologies-multiple_core_ribbon_fiber_laser (2003), (Erişim tarihi: 29 Ağustos 2011).

Berretta, J., Rossi, W., M Neves, D.M., Almeida, I.A. and Junior, N.D., 2007, Pulsed Nd:YAG Laser Welding of AISI 304 to AISI 420 Stainless Steels, *Optics and Lasers in Engineering,* 45(9):960-966

Bitzel, H., Borcherdt, J., Müller, J., **Neidhart, F., Parey, K., Rau, A., Riecke, S., Schmid, A. and Trentmann, G.**, 1996, Faszination Blech, *TRUMPF GmbH + Co., Ditzingen,* 131p.

Borrisutthekul, R., Miyashita, Y. and Mutoh, Y., 2005, Dissimilar Material Laser Welding Between Magnesium Alloy AZ31B and Aluminum Alloy A5052-O, *Science and Technology of Advanced Materials,* 6(2):199-204.

Bouayad, A., Geromettaa, C., Belkebir, A. and Ambari, A., 2003, Kinetic Interactions Between Solid Iron and Molten Aluminium, *Materials Science and Engineering, A*363(1-2):53-61.

KAYNAKLAR DİZİNİ (devam)

Buchfink, G., 2006, Fascination of *Sheet* Metal, *Vogel Buchverlag*, Würzburg, 239p.

Callister, W.D., 2007, **Material** Science and Engineering an Introduction, *John Wiley & Sons Inc.*, USA, 975p.

Chang, C.C., Chou, C.P., Hsu, S.N., Hsiung, G.Y. and Chen, J.R., 2010, Effect of Laser Welding on Properties of Dissimilar Joint of Al-Mg-Si and Al-Mn Aluminum Alloys, *Journal of Materials Sciences & Technology,* 26(3):276-282.

Chen, H.C., Pinkerton, A.J. and Li, L., 2010, Fibre Laser Welding of Dissimilar Alloys of Ti-6Al-4V and Inconel 718 for Aerospace Applications, *The International Journal of Advanced Manufacturing Technology,* 52(9-12):977-987.

Connor, M. and Shiner, B., "High-Power Fiber Lasers in Industrial Applications", http://www.eetimes.com/design/industrial-control/4215915/Excerpt--High-power-fiber-lasers-for-industry-and-defense-Part-IV (2011), (Erişim tarihi: 29 Ağustos 2011).

Costa, A.P., Quintino, L. and Greitmann, M., 2003, Laser Beam Welding Hard Metals to Steel, *Journal of Materials Processing Technology,* 141:163-173.

Csele, M., "Flashlamp - Pumped Dye Lasers", http://192.197.62.35/staff/mcsele/lasers/LasersFLP.htm (2004a), (Erişim tarihi: 19 Temmuz 2011).

Csele, M., 2004b, Fundamentals of Light Sources and Lasers, *Wiley-Interscience*, New Jersey, 349p.

Çalık, A., 2004, Elektron Işın Kaynağı ile Birleştirilmiş İki Farklı Çelik Malzemenin Kaynak Bölgesinin İncelenmesi, *Doktora Tezi*, Süleyman Demirel Üniversitesi, 151s.

Çam, G., 2005, Sürtünme Karıştırma Kaynağı (Skk): Al-Alaşımları için Geliştirilmiş Yeni Bir Kaynak Teknolojisi, *Mühendis ve Makine,* 46(541):30-39.

Dalkılıç, S ve Tanatmış, A.A., 2003, Gaz Türbinli Motorların İmalatı Ve Onarımında Kullanılan Gelişmiş İşleme Yöntemleri, *Havacılık ve Uzay Teknolojileri Dergisi*, 1(2):49-61.

Dasgupta, A. and Mazumder, J., 2003, A Novel Method for Lap Welding of Automotive Sheet Steel Using High Power CW CO_2 Laser, *Proceedings of the 4th International Congress on Laser Advanced Materials Processing,* 1-5.

Demir, A., Bingül, Z., Ertürk, S. Ve Sınmazçelik, T., 2004, Görüntü İşleme Kontrollü Nd:YAG Lazer ile Ti6Al4V ve Magnezyum Alaşımların Dikiş Kaynak İşlemleri, *BAPB-Proje No:2004/033*, 4(1):2-5.

KAYNAKLAR DİZİNİ (devam)

European Standard, 2005, Welding-Recommendation for Welding of Metallic Materials-Part 6: Laser Beam Welding, *European Committee for Standardization*, 42p.

Grevey, D., Sallamand, P., Cicala, E. and Ignat, S., 2005, Gas Protection Optimization During Nd:YAG Laser Welding, *Optics & Laser Technology* 37(8):647-651.

Güleç, E., 2007, Değişik Kalınlıklı Lazer Kaynaklı Al-Numunelerinin Kırılma Davranışlarının İncelenmesi, *Bitirme Projesi*, Dokuz Eylül Üniversitesi, 56s.

Gültekin, N., 1991, Kaynak Tekniği, *Ergin Ofset*, İstanbul, 184s.

Harkonen, A., "Antimonide Disk Lasers Achieve Multiwatt Power and A Wide Tuning Range", http://spie.org/x34747.xml?ArticleID=x34747 (2009), (Erişim tarihi: 4 Ağustos 2011).

Hirsch, J., Aryus, A., Drossert, P., Bültmann, F., Hahn, O., Wiese, T., Janssen, H., Ryckeboer, M. and Eisenbeis, C., "Laser Welding", http://aluminium.matter.org.uk/content/html/eng/default.asp?catid=197&pageid=2144416822 (Erişim tarihi: 21 Ekim 2011).

Hitz, B., Ewing, J.J. and Hecht, J., 2001, Introduction to Laser Technology, IEEE Pres, New York, 301p.

Hongxiao, W., Chunsheng, W., Chunyuan, S., Guangzhong, H., Ting, W. and Jingfei, X., 2009, The Study Of Laser Welding Parameters Influence On Fusion Zone Shape And Surface Quality of SUS301L Stainless Steel, *International Journal of Applied Engineering Research*, 4(10):2009-2022.

Hu, B. and Richardson, I., 2006, Mechanism and Possible Solution for Transverse Solidification Cracking in Laser Welding of High Strength Aluminium Alloys, *Materials Science and Engineering, A*429(1-2):287-294.

Ion, J.C., 2005, Laser Processing of Engineering Materials, *Elsevier Butterworth-Heinemann*, London, 589p.

IPG Photonics, "YLR Single-mode Series: Single-mode CW Ytterbium Fiber Lasers", http://www.ipgphotonics.com/apps_mat_single_YLR_SM.htm (Erişim tarihi: 28 Ağustos 2011).

Johnson, D., Penn, W. and Bushik, S., "Application Experiences with Laser Beam Welding", http://www.alspi.com/lsrweld.htm (Erişim tarihi: 22 Ekim 2011).

Jokinen, T., 2004, Novel Ways of Using Nd:YAG Laser for Welding Thick Section Austenitic Stainless Steel, Phd Thesis, *Lappeenranta University of Technology*, 136p.

KAYNAKLAR DİZİNİ (devam)

Jones, I.A., "Welding Aluminium by Laser", http://www.twi.co.uk/content/spiajnov96.html (2003), (Erişim tarihi: 10 Mart 2011).

Kaluç, E. ve Taban, E., 2004, Laser Işını ile Kaynak Yöntemi ve Endüstriyel Uygulamaları, *MakinaTek*, 82:76-85

Kalpakjian, S. and Schmid, S.R., 2006, Manufacturing Engineering and Technology, *Pearson Education*, Singapore, 1320p.

Kannatey, E., 2009, Principles of Laser Materials Processing, JohnWiley & Sons, Inc., New Jersey, 838 p.

Karaaslan, A., 2009, Laser ile Malzeme İşlemleri, *Literatür Yayıncılık*, İstanbul, 219s.

Katayama, S., 2004, Laser Welding of Aluminium Alloys and Dissimilar Metals, *Welding International,* 18(8):618-625.

Katayama, S., Joo, S., Mizutani, M. and Bang, H., 2005, Laser Weldability of Aluminum Alloy and Steel, *Materials Science Forum,* 502:481-486.

Key to Metals, "Welding of Dissimilar Metals", http://www.keytometals.com/page.aspx?ID=CheckArticle&site=ktn&NM=152 (Erişim tarihi: 28 Şubat 2011).

Khan, M.M.A., Romoli, L., Fiaschi, M., Sarri, F. and Dini, G., 2010, Experimental Investigation on Laser Beam Welding of Martensitic Stainless Steels in A Constrained Overlap Joint Configuration, *Journal of Materials Processing Technology,* 210(10):1340-1353.

Kim, J., Lim, H., Cho, J. and Kim, C., 2008, Weldability During The Laser Lap Welding of Al 5052 Sheets, *Archives of Materials Science and Engineering,* 31(2):113-116.

Klimpel, A, Rzeźnikiewicz, A. and Janik, Ł., 2007, Study Of Laser Welding Of Copper Sheets, *Journal of Achievements in Materials and Manufacturing Engineering*, 20(1-2):467-470.

Kottcamp, E.H. and Langer, E.L., 1993, Welding, Brazing and Soldering, *ASM Handbook International*, USA, Volume 6, 2873p

Kratky, A., Schuöcker, D. And Liedl, G., 2008, Processing with kW Fibre Lasers-Advantages and Limits, *Proceedings of SPIE*, *7131*, 71311X-71311X-1.

Kreimeyer, M., Wagner, F. and Vollertsen, F., 2005, Laser Processing of Aluminum-Titanium-Tailored Blanks, *Optics and Lasers in Engineering,* 43(9):1021-1035.

KAYNAKLAR DİZİNİ (devam)

Kristensen, J.K., Andersen, M.M., Bruun, N.K., Jensen, T.A., Nielsen S.E. and Weldingh J., 2001, Laser Welding of Aluminium Alloys-Process and Properties, *8th Conference on Laser Materials Processing in the Nordic Countries,* Copenhagen, Denmark.

Laserline, "Diode Lasers Applications Overview", http://www.laserline-inc.com/index.php (Erişim tarihi: 21 Ekim 2011).

Leong, K.H., Sabo, K.R., Altshuller, B., Wilkinson, T.L. and Albright, C.E., 1999, Laser Beam Welding of 5182 Aluminum Alloy Sheet, *Laser Applications,* (3):109-118.

Liu, L.M. and Zhao, X., 2008, Study on The Weld Joint of Mg Alloy and Steel by Laser-GTA Hybrid Welding, *Materials Characterization,* 59(9):1279-1284.

Lorraine, B., 2006, Introduction to Laser Welding, *Centre Specialise de Technologie Physique du Quebec Inc,* 2-8.

Mackwood, A.P. and Crafer, R.C., 2005, Thermal Modelling of Laser Welding and Related Processes: A Literature Review, *Optics & Laser Technology,* 37(2):99-115.

Majumdar, J. D. and Mana, I., 2003, Laser Processing of Materials, *Sadhana,* 28(3-4):495-562.

Messler, R.W., Bell, J. and Craigue, O., 2003, Laser Beam Weld Bonding of AA5754 for Automobile Structures, *Welding Journal,* 82(6):151-159.

Migliore, L., "Welding with Lasers", http://www.laserk.com/newsletters/paperwelding.html (1998), (Erişim tarihi: 27 Ağustos 2009).

Naeem, M. and Jessett, R., "Welding Aluminum Tailored Blanks with Nd:YAG Lasers for Automotive Applications", http://www.thefabricator.com/article/automationrobotics/welding-aluminum-tailored-blanks-with-ndyag-lasers-for-automotive-applications (2001), (Erişim tarihi: 23 Ekim 2011).

Northeast Laser, "Laser Welding Process", http://www.northeastlaser.com/Laser_Welding_processes.html (Erişim tarihi: 21 Ekim 2011).

Ohse, R.W., 1998, Laser Application in High Temperature Materials, *Pure and Applied Chemistry, 60*(3), 309-322.

Otes, "Markalama Yöntemleri", http://www.trumpf-lazer.com/markalamayontem.html (Erişim tarihi: 19 Eylül 2011).

KAYNAKLAR DİZİNİ (devam)

Ozaki, H., Kutsuna, M., Nakagawa, S. and Miyamoto, K., 2010, Laser Roll Welding of Dissimilar Metal Joint of Zinc Coated Steel to Aluminum Alloy, *Journal of Laser Applications* 22(1):1.

Özden, H., 2007, Investigating Fiber Lasers Shipbuilding and Marine Construction, *Welding Journal*, USA, 86(5):26-29.

Özden, H., 2008, Sanayide Kullanılan Yüksek Güçlü Lazer Makineleri ve Lazer İmalat Yöntemleri, *Makine Tek*, 124:152-160.

Paschotta, R., "Thin-disk Lasers", http://www.rp-photonics.com/thin_disk_lasers.html (Erişim tarihi: 3 Haziran 2011).

Phanikumar, G., Dutta, P. and Chattopadhyay, K., 2005, Continuous Welding of Cu–Ni Dissimilar Couple Using CO_2 Laser, *Science and Technology of Welding and Joining*, 10(2):158-166.

Photonics, "History of Laser", http://www.photonics.com/LinearCharts/Default.aspx?ChartID=2 (Erişim tarihi: 25 Ağustos 2011).

Postma, S., 2003, Weld Pool Control in Nd:YAG Laser Welding, *Phd Thesis*, Twente University, 166p

Potesser, M., Schoeberl, T., Antrekowitsch, H. and Bruckner, J., 2006, The Characterization of the Intermetallic Fe-Al Layer of Steel-Aluminum Weldings, *The Minerals, Metals & Materials Society*, 167-176.

Raebsch, K., "Schweißen mit dem Laserstrahl", http://www.lzh.de/de/node/857 (Erişim tarihi: 4 Ağustos 2009).

Rathod, M. and Kutsuna, M., 2003, Laser Roll Bonding of A5052 Aluminium Alloy and SPCC Steel, *Japan Welding Society NII-Electronic Library Service*, 21(2):282-294.

Ready, J.F., 1997, Industrial Applications of Lasers, *Academic Press*, USA, 623p

Ready, J.F. 2002, Lia Handbook of Laser Materials Processing, *Laser Institute of America Magnolia Publishing*, USA, 740p.

Roboat, "Why Choose Yag Laser", http://www.roboat.org.tw/upload_files/test/1220518507_1.pdf (Erişim tarihi: 24 Ekim 2011).

Rodriguez, L., Mathieu, A., Langlade, C. and Vannes, A., 2006, Controlling Phase Formation During Aluminium/Steel Nd:YAG Laser Brazing, *Revista de Metalurgia*, 42(6):463-469.

Sanders, B., 2002, Thermal Properties of Metals, *ASM International*, USA, 560p.

KAYNAKLAR DİZİNİ (devam)

Satoh, G., Lawrence, Y. and Qiu, C., 2011, Strength and Microstructure of Laser Fusion Welded Ti-SS Dissimilar Material Pair, *Proceedings of NAMRI/SME*, Vol. 39.

Schmidt, M, Otto, A. and Kageler, C., 2008, Analysis of YAG Laser Lap-Welding of Zinc Coated Steel Sheets, *CIRP Annals - Manufacturing Technology*, 57(1):213-216.

Shahverdi, H. R., Ghomashchi, M.R., Shabestari, S. and Hejazi, J., 2002, Microstructural Analysis Of İnterfacial Reaction Between Molten Aluminium And Solid İron, *Journal of Materials Processing Technology*, 124:345-352.

Sharma, R.S. and Molian, P., 2009, Yb:YAG Laser Welding of TRIP780 Steel with Dual Phase and Mild Steels for Use in Tailor Welded Blanks, *Materials & Design*, 30(10):4146-4155.

Shore Laser, "Laser Operation", http://www.shorelaser.com/Laser_Operation.html (Erişim tarihi: 3 Haziran 2011).

Sierra, G., Peyre, P., Deschaux B.F., Stuart, D. and Fras, G., 2008, Galvanised Steel to Aluminium Joining by Laser and GTAW Processes, *Materials Characterization*, 59(12):1705-1715.

Sözer, İ.E., 2010, Otomobil Sanayinde İnce Çelik Sacların Birleştirilmelerinde Düşük Enerjili Lazer Lehim Yönteminin Araştırılması, Uygun Parametrelerin Tespiti, Yüksek Lisans Tezi, Ege Üniversitesi, 79s.

Steen, W.M., 1991, Laser Material Processing, *Springer-Verlag*, Germany, 275p.

Stefano, F. and Volpone, L.M., 2005, Aluminium Alloys In Third Millennium Shipbuilding: Materials, Technologies, Perspectives, *The Fifth International Forum on Aluminum Ships*, 1-11.

Sumitomo Industries, "Japan' s First 20kW Fiber Laser Welder Delivered", http://www.shi.co.jp/english/press/20081201_20kwfiberlaser.htm (2008), (Erişim tarihi: 29 Ağustos 2011).

Svelto, O., 1998, Principles of Lasers, (Translated, D. Hanna), *Springer*, USA, 624p.

Tarakçıoğlu, N. ve Özcan, M., 2004, Lazerler ve Materyal İşleme Uygulamaları, *Atlas Yayın Dağıtım*, İstanbul, 197s.

Taşkın, M. ve Çalıgülü, U., 2009, AISI 430/1010 Çelik Çiftinin Lazer Kaynağında Kaynak Gücünün Birleşmeye Etkisi, *Fırat Üniv. Mühendislik Bilimleri Dergisi*, 21(1):11-22.

Taylor, B. and Guesnier, A., "Metallography of Welds Application Notes", http://www.struers.com/default.asp?top_id=5&main_id=24&sub_id=197&doc_id=896 (Erişim tarihi: 28 Ağustos 2011).

KAYNAKLAR DİZİNİ (devam)

Theron, M., Rooyen, V. and Ivanchev, L.H., 2007, CW ND:YAG Laser Welding of Dissimilar Sheet Metals, *26th International Congress on Applications of Lasers & Electro-Optics(ICALEO)*, pp8.

Tomashchuk, I., Jouvard, J. and Sallamand, P., 2007, Numerical Modeling of Copper-Steel Laser Joining, *Excerpt from the Proceedings of the COMSOL Users Conference,* Grenoble, 1-5.

Torkamany, M.J., Tahamtan, S. and Sabbaghzadeh, J., 2009, Dissimilar Welding of Carbon Steel to 5754 Aluminum Alloy by Nd:YAG Pulsed Laser, *Materials & Design,* 31(1):458-465.

Trumpf, 2007a, Laser Machining-Solid State Lasers, *TRUMPF Werkzeugmaschinen GmbH + Co. KG,* 120p.

Trumpf, 2007b, Laser Processing-CO_2 Laser, *TRUMPF Werkzeugmaschinen GmbH + Co. KG,* 156p.

Trumpf, "TruDisk Disk Laser", http://www.trumpf-laser.com/en/products/solid-state-lasers/disk-lasers.html (Erişim tarihi: 21 Ekim 2011).

Tušek, J., Kampuš, Z. and Suban, M., 2001, Welding of Tailored Blanks of Different Materials, *Journal of Materials Processing Technology,* 119(1-3):180-184.

Twi, "Laser Welding-Tailored Blanks", http://www.twi.co.uk/content/laser_blanks.html (Erişim tarihi: 21 Eylül 2010).

Verhaeghe, G., 2000, Laser Welding Automotive Steel and Aluminium, *Paper presented at meeting on "Lasers in the automotive and sheet metal industries"*, TWI, Great Abington, UK.

Verhaeghe, G., 2005, The Fiber Laser-A Newcomer for Material Welding and Cutting, *Welding Journal*, 84(8):56-60.

Verhaeghe, G. and Hilton, P., 2005, The Effect of Spot Size and Laser Beam Quality on Welding Performance When Using High-Power Continuous Wave Solid-State Lasers, *24th International Congress on Applications of Lasers & Electro-Optics*, Paper #511.

Wagner, F, Zerner, I., Kreimeyer, M., Seefeld, T. and Sepold, G., 2004, Characterization and Properties of Dissimilar Metal Combinations of Fe/Al and Ti/Al-Sheet Materials, *BIAS, Bremen Institute of Applied Beam Technology,* Bremen, Germany.

Walsh, C.A., Bhadeshia, H.K.D.H., Lau, A., Matthias, B., Oesterlein, R. and Drechsel, J., 2003, Characteristics of High-Power Diode-Laser Welds for Industrial Assembly, *Journal of Laser Application*, 15(2):1-9.

KAYNAKLAR DİZİNİ (devam)

Webb, C.E. and Jones, J.D.C., 2004, Handbook of Laser Technology and Applications, *Institute of Physics Publishing*, London, 2725p.

Weston, J. and Wallach, E.R., 2003, Coupling for Laser Welds in Aluminium Alloys, in *Department of Materials Science and Metallurgy*, University of Cambridge.

Weston, J., Jones, I.A. and Wallach, E.R., 1998, Laser Welding of Aluminium Alloys Using Different Laser Sources , *Proceedings of the 6th International Conference on Welding & Melting by Electron & Laser Beams*, Toulon, France.

Wirth, P., 2004, Introduction to Industrial Laser Materials Processing, *Rofin,* 75p.

Wu, Q., Gong, J., Chen, G. and Xu, L., 2008, Research on Laser Welding of Vehicle Body, *Optics & Laser Technology,* 40(2):420-426.

Zhao, H., White, D.R. and DebRoy, T., 1999, Current Issues and Problems in Laser Welding of Automotive Aluminium Alloys, *International Materials Reviews* 44(6):238-266.

Printed by Books on Demand GmbH, Norderstedt / Germany